人人都是**设计师**

零基础学
网页UI设计

胡雪梅 编著

清华大学出版社
北京

内容简介

现如今，各种通信与网络连接设备和大众生活的联系日益密切。UI是用户与机器设备进行交互的平台，人们对各种类型UI的要求越来越高，从而推动了UI设计的飞速发展。为适应广大UI设计者的需求，本书介绍如何设计既美观又符合要求的UI。

本书主要依据初学者学习UI设计的普遍规律安排内容，由浅入深地讲解初学者需要掌握和感兴趣的基础知识与操作技巧，全面解析各个知识点。全书结合实例进行讲解，详细介绍了制作的步骤和软件的应用技巧，使读者能轻松地学习并掌握。

本书从学习者的角度考虑，让不同程度的读者更有针对性地学习内容，有效帮助UI设计爱好者提高操作效率。

本书的知识点结构清晰、内容针对性强、实例精美实用，适合大部分UI设计爱好者与设计专业的大中专学生阅读。另外，随书附赠教学PPT课件、所有案例的教学微视频和素材，用于补充书中遗漏的细节内容，方便读者学习和参考。

图书在版编目（CIP）数据

零基础学网页UI设计 / 胡雪梅编著. —北京：清华大学出版社，2020.5（2023.8重印）
（人人都是设计师）
ISBN 978-7-302-55133-1

Ⅰ.①零… Ⅱ.①胡… Ⅲ.①网页—设计 ②人机界面—程序设计 Ⅳ.①TP393.092.2 ②TP311.1

中国版本图书馆CIP数据核字（2020）第047894号

责任编辑：张　敏
封面设计：杨玉兰
责任校对：徐俊伟
责任印制：丛怀宇

出版发行：清华大学出版社
　　　　网　　　址：http://www.tup.com.cn，http://www.wqbook.com
　　　　地　　　址：北京清华大学学研大厦A座　　　邮　　编：100084
　　　　社 总 机：010-83470000　　　　　　　　邮　　购：010-62786544
　　　　投稿与读者服务：010-62776969，c-service@tup.tsinghua.edu.cn
　　　　质量反馈：010-62772015，zhiliang@tup.tsinghua.edu.cn
印 装 者：涿州汇美亿浓印刷有限公司
经　　销：全国新华书店
开　　本：170mm×240mm　　　印　　张：10　　　字　　数：186千字
版　　次：2020年6月第1版　　　印　　次：2023年8月第5次印刷
定　　价：59.80元

产品编号：085929-01

前 言

随着信息量不断增加，人们的生活越来越离不开软件，提到软件就不得不说图形用户界面。图形用户界面是用户与各种机器和设备进行交互的平台，一款好的用户界面设计应该同时具备美观与易操作两个特点。

本书主要采用理论知识与操作案例相结合的方法，介绍使用 Photoshop CC 2019进行网页 UI 设计所需的基础知识和操作技巧。

内容安排

本书共分为 5 章，采用少量基础知识与大量应用案例相结合的方法，循序渐进地介绍使用 Photoshop CC 2019 进行网页 UI 设计的操作方法与技巧。各章的具体内容如下。

第 1 章 网页 UI 设计初体验： 主要介绍 UI 设计相关的理论知识，包括了解网页 UI、网页 UI 设计分类、网页 UI 的构成元素、网页 UI 制作流程、网页 UI 的设计风格以及设计网页常用软件等内容。这些知识可以帮助读者初步了解 UI 设计及相关软件，为更深入的学习建立良好的开端。

第 2 章 网页 UI 中的元素设计初体验： 主要介绍网页 UI 中元素设计的知识和相应的制作技巧，包括网页中的文字设计、网页中的图片设计、网页中的图标设计、网页中的 Logo 设计和网页中的导航设计等内容。希望通过本章的学习，读者能掌握网页 UI 的元素设计，这对以后的学习至关重要。

第 3 章 网页布局与版式设计： 主要介绍如何设计网页中的布局与版式，包括了解网页布局、常见的网页布局方式、网页布局形式的艺术表现、网页留白设计的8 个关键点、移动端网页元素设计和移动端网页的布局设计等内容。经过本章的学习，读者应该熟悉网页常用布局方式的设计要点。

第 4 章 配色设计在网页中的作用： 主要介绍一些网页配色设计相关的基础知识和操作技巧，包括理解色彩、网页配色的基本要素、网页的基础配色方法、网页中的文字配色设计、网页元素的色彩搭配和网页配色技巧等内容。

第 5 章 网页中的广告设计： 主要介绍网页界面中的广告设计样式和设计思路，包括网页广告概述、移动端网页常见的广告样式、移动端网页广告的设计思

路、PC 端网页广告的常用样式和 PC 端网页广告的特点等内容。本章的重点内容是网页广告的设计思路和特点。

本书特点

本书采用理论知识与操作案例相结合的方式，全面介绍网页 UI 设计的设计规范和设计原则。

·通俗易懂的语言

本书采用通俗易懂的语言全面地介绍网页 UI 设计所需的基础知识和操作技巧，确保读者能够理解并掌握相应的功能与操作。

·基础知识与实战案例结合

本书摒弃了传统教科书式的纯理论教学，采用少量基础知识和大量实战案例相结合的讲解模式。书中所使用的案例都具有很强的商业性和专业性，不仅能够帮助读者强化知识点，而且对开拓思路和激发创造性有很大的帮助。

·技巧和知识点的归纳总结

本书在基础知识和实战案例的讲解过程中给出了大量的提示和技巧，这些信息都是根据作者长期的 UI 设计经验与教学经验归纳出来的，可以帮助读者更准确地理解和掌握相关的知识点和操作技巧。

·二维码微视频和 PPT 课件等辅助学习

为了拓宽读者的学习渠道，增强读者的学习兴趣，本书"练一练"栏目配有对应二维码微视频。读者扫描下方二维码可下载和使用本书实例相关素材、教学微视频和 PPT 课件，使读者能将学到的知识快速应用于实际工作中。同时，本书提供的教学 PPT 课件可方便老师轻松教学。

微视频

素材

PPT 课件

读者对象

本书适合 UI 设计爱好者和想进入 UI 设计领域的读者朋友，以及设计专业的大中专学生阅读，同时对专业设计人员也有很高的参考价值。希望读者通过对本书的学习，能够早日成为优秀的 UI 设计师。

本书在写作过程中力求严谨，但由于时间有限，疏漏之处在所难免，望广大读者批评指正。

编者

目 录

第 1 章

网页 UI 设计初体验

本章主要内容

网页不只是把各种信息简单地堆积起来，能看或者表达清楚就可以，还应考虑通过各种设计手段和技术技巧，让受众能更多、更有效地接收网页中的各种信息，从而对网页留下深刻的印象并催生消费行为，提升企业品牌形象。在本章中将向读者介绍网页 UI 设计的相关知识，使读者对网页 UI 设计有初步的认识。

1.1 了解网页 UI

UI 的本意就是用户界面，而用户界面是人与机器交互的平台。要使人机交互和谐、沟通顺畅，就必须设计出符合人机操作简易性、合理性的用户界面，来拉近人与机器之间的距离。在发展迅速的互联网科技信息时代，知识在不断更新，科技越来越发达，界面的设计工作渐渐地被重视起来。一个网页拥有美观的界面会给人们带来舒适的视觉享受与操作体验，网页 UI 设计是建立在科学技术性上的艺术设计。

▶ 1.1.1 什么是网站

首先，网站是指在因特网上根据一定的规则，使用 HTML 语言等工具制作的用于展示特定内容的网页集合。图 1-1 所示为一个标准的网页，此页面是网站众多页面中的一个，它出现在一个网站的最开始，被称为首页。

网页标志是突出品牌的重要手段

网页导航与语言切换

图文结合的表现方式使内容更加清晰易读

整齐明了的版底信息在网页左下角显示

图 1-1　滴滴首页

☆ 提示

网站是一种工具，大众可以通过浏览器来访问网站上的网页，获取自己需要的信息或者享受网络服务。

▶ 1.1.2 什么是网页 UI 设计

网页 UI 设计是以互联网为载体，以互联网技术和数字交互式技术为基础，依照客户与消费者的需求，设计以商业宣传为目的的页面，同时遵循艺术设计规律，即网页设计规范，实现商业目的与结构功能的统一。也就是说，网页 UI 设计是商业功能与视觉艺术相结合的设计。

☆ 提示

浏览者在网页上的视线移动并不是随机的，它是人类共有的、由于视觉刺激而产生的一系列复杂的原始本能反应。在设计网页的过程中，设计师可以尝试通过各种视觉手段，吸引或分散浏览者的注意力。

1.2　网页 UI 设计分类

网页的类型多种多样，用户可以根据浏览终端的不同来划分网页，也可以根据网页内容功能的不同来划分网页。

▶ 1.2.1　按浏览终端不同进行划分

随着科技的飞速发展，电子设备的种类也日益增多。大众日常都在电子设备上浏览网页，但是受地点、操作方式和方便携带等因素的影响，用户可以选择不同形式的终端来浏览网页。根据目前电子终端的两大类别，进而将网页划分为 PC 端网页和移动端网页两种类型。

1. PC 端网页

PC 端网页就是指读者使用台式电脑或者笔记本电脑，打开浏览器浏览的各种网页，图 1-2 所示为 PC 端网页。

（a）　　　　　　　　　　　　　　（b）

图 1-2　PC 端网页

☆ 提示

PC 端和移动端之间有一个较大的区别就是它们的屏幕分辨率不同，而且正常情况下，电脑屏幕尺寸要比手机屏幕尺寸大得多，所以在网页 UI 设计上就会有所不同。移动端网页的页面相对要窄一点，而 PC 端网页的页面相对来说宽一点。

2. 移动端网页

移动端网页就是用户使用手机和平板电脑等设备浏览的网页或者访问的 APP 页面，图 1-3 所示为移动端网页。

（a） （b）

图 1-3　移动端网页

☆ 小技巧：PC 端网页和移动端网页内容风格有"详"与"简"的区别

PC 端网页展现的是非常全面且详细的信息，它的特点就是面面俱到。而移动端网页则是精简功能模块后的网页，它一般展现网页的核心信息，它的特点是针对性和目的性强，传输数据量小，访问速度快，同时它也具备画面清晰、板块简约、排版整齐、视觉冲击力强等优势。用户可以将移动端网页看成是 PC 端网页的简约版。

▶ 1.2.2　按内容功能不同进行划分

读者可以根据内容和功能的不同，将网页划分为个人网页、门户网页、企业网页、功能网页、娱乐网页和机构网页等。接下来对这些网页进行一个简单的介绍。

1. 个人网页

个人网页是指个人或团体因某种兴趣，并拥有某种专业技术，为浏览者提供某种技术解答，或者向浏览者展示自己的作品和技术，从而制作的具有独立空间和域名的网页，图 1-4 所示为个人网页的界面。

（a）　　　　　　　　　　　　　　（b）

图 1-4　翁天信的个人网页

☆ 提示

个人网页也是一种通信工具，就像布告栏一样，人们可以通过网页来发布自己想要公开的信息或者技术，也可以利用网页为万千网民提供相关的网络服务。

2. 门户网页

门户网页是指通向某类信息资源地并提供相关信息服务的综合性应用系统。在全球范围内，最为著名的门户网页是谷歌，而在国内，比较著名的门户网页则是新浪、网易、搜狐、腾讯、百度、新华网、人民网和凤凰网等，图 1-5 所示为腾讯网的 PC 端网页界面和移动端网页界面。

（a）　　　　　　　　　　　　　　（b）

图 1-5　门户网页

3. 企业网页

企业网页是企业在互联网上进行网络营销和形象宣传的平台，相当于企业的网络名片。企业网页除了宣传企业的良好形象外，同时可以辅助企业的产品销售，即企业网页通过网络线上销售产品或者提供服务，图 1-6 所示为中国工商银行的网页界面。

（a）

（b）

企业也可以利用网页进行企业文化宣传、新品发布、企业招聘等

图 1-6　企业网页

☆ 提示

企业网页在设计制作时应该注重浏览者的视觉体验，并加强客户服务，完善企业的网络业务，最好能够吸引潜在客户的关注。

4. 功能网页

功能网页的主要内容是用来展示专业的产品信息，一般的商业网页、行业网页和专业网页都可以归纳到功能网页中，图 1-7 所示为中国知网的网页界面。

（a）

（b）

图 1-7　功能网页

☆ 提示

对于功能网页来说，它实现的是实用性内容。优秀的网页设计不仅能够从外观上给浏览者留下深刻的印象，而且能够使浏览者全面、快速地了解相关的产品信息。

5. 娱乐网页

娱乐网页的主要功能是丰富大众的业余生活，利用这些网页，浏览者可以追剧、听歌、听广播、看电影和玩游戏等。土豆网、QQ 音乐、4399 小游戏和斗鱼 TV 等网页都可以归纳总结为娱乐网页，图 1-8 所示为 QQ 音乐的网页界面。

（a）　　　　　　　　　　　　　　　　　（b）

图 1-8　娱乐网页

6. 机构网页

机构网页一般都是为了服务大众而存在的，有了这些网页，大众对于一些消息和实时信息更具有前瞻性。图 1-9 所示为工信部和学信网的网页界面。

（a）　　　　　　　　　　　　　　　　　（b）

图 1-9　机构网页

1.3 网页 UI 的构成元素

与传统媒体不同，网页界面除了文字和图像以外，还包含动画、声音和视频等新兴多媒体元素，更有由代码语言编程实现的各种交互式效果，这些极大地增强了网页界面的生动性和复杂性，同时也使网页设计者需要考虑更多的页面元素的布局和优化。

▶ 1.3.1 网页中的配色设计

网页界面中的配色可以为浏览者带来不同的视觉和心理感受，它不像文字、图像和富媒体等元素那样直观、形象，它需要设计师凭借良好的色彩基础，根据一定的配色标准，反复试验、感受之后才能够确定。

有时候，一个网页界面往往是因为选择了错误的配色而影响整个网页的设计效果，如果色彩使用得恰到好处，就会得到意想不到的效果，如图 1-10 所示。

错误的网页配色   优秀的网页配色

（a） （b）

图 1-10 网页配色设计

色彩的选择取决于"视觉感受"。例如，与儿童相关的网页可以使用绿色、黄色或蓝色等一些鲜亮的颜色，让人感觉活泼、快乐、有趣、生气勃勃；与爱情交友相关的网页可以使用粉红色、淡紫色和桃红色等，让人感觉柔和、典雅；与手机数码相关的网页可以使用蓝色、紫色、灰色等体现时尚感的颜色，让人感觉时尚、大方、具有时代感。图 1-11 所示为网页界面中的配色效果。

此款建筑类网页使用了蓝色，表现出了美观、冷静、理智和广阔的色彩印象

图 1-11 网页配色设计

▶ 1.3.2　网页中的文字

文字元素是网页信息传达的主体部分，网页从最初的纯文字界面发展至今，文字仍是其他任何元素所无法取代的重要构成元素。这首先是因为文字信息符合人类的阅读习惯，其次是因为文字所占存储空间很少，节省了下载和浏览的时间。

> **☆ 小技巧：网页中的文字形式**
>
> 网页界面中的文字主要包括标题、信息和文字链接等几种形式。文字作为占据页面重要比例的元素，同时又是信息的重要载体，它的字体、大小、颜色和排列对页面整体设计影响极大，应该多花心思去处理。

图 1-12 所示为典型的以文字排版为主的网页界面。整个网页界面的图像修饰很少，但是文字分类条理清晰，并没有单调的感觉，可见文字排版得当，网页界面同样可以生动活泼。

图 1-12　网页文字的排版设计

▶ 1.3.3　网页中的图像

图形符号是视觉信息的载体，通过精练的形象代表某一事物，表达一定的含义。图形符号在网页界面设计中可以有多种表现形式，可以是点，也可以是线、色块或是页面中的一个圆角处理等。图 1-13 所示为网页界面中的图形符号元素表现效果。

图像在网页 UI 设计中有多种形式，图像具有比文字和图形符号都要强烈和直观的视觉表现效果。图像受指定信息传达内容与目的约束，但在表现手法、工具和技巧方

图 1-13　网页中图形符号的设计

面具有比较大的自由度，从而也可以产生无限的可能性。

网页界面设计中的图像处理往往是网页创意的集中体现，图像的选择应该根据传达的信息和受众群体来决定，图 1-14 所示为网页界面中的图像创意设计表现。

(a)

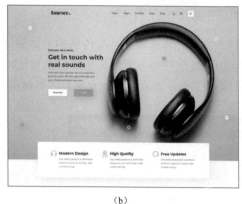
(b)

图 1-14　网页中图像的创意设计

▶ 1.3.4　网页中的富媒体

网页界面构成中的富媒体元素主要包括动画、声音和视频，这些都是网页界面构成中最吸引人的元素，但是网页界面还是应该坚持以内容为主，任何技术和应用都应该以信息的更好传达为中心，不能一味地追求视觉化的效果。图 1-15 所示为网页界面中富媒体元素的应用效果。

此网页中主要应用了富媒体中的视频和声音元素，富媒体元素的设计比较小巧，满足了网页以内容为主的要求

图 1-15　网页中富媒体的应用

1. 富媒体的组成

富媒体包含流媒体、声音，以及 Java、JavaScript 和 HTML 等程序设计语言的形式之一或者几种的组合。

2. 富媒体的特点

富媒体本身并不是信息，但是富媒体可以加强网页信息内容。尤其当网页的内容信息有更准确的方向定位时，网页中的富媒体将会发挥出更加强大的功效。

3. 应用富媒体

富媒体可应用于各种网页广告中，主要用于丰富网页的广告设计，例如网页中的弹出式广告和插播式广告等内容。

☆ 提示

富媒体，即 Rich Media 的英文直译，它本身并不是一种具体的互联网媒体形式，而是指代具有动画、声音、视频或交互性的信息传播方法。

1.4 网页 UI 制作流程

　　UI 设计只是网页产品从无到有的制作过程中的一个步骤，要想更好地理解 UI 设计，必须先了解网页产品设计阶段的制作流程。按照制作网页产品的流程顺序，将其分为前期策划、交互设计、视觉设计、开发测试和运营维护 5 个步骤，如图 1-16 所示。由于本书主要讲解网页 UI 设计，因此开发测试和运营维护这 2 个步骤将不会详细讲解。

图 1-16　互联网产品设计流程

▶ 1.4.1　前期策划

　　在设计一款网页界面之前，设计师应该首先明确是什么人用（用户的年龄、性别、爱好、教育程度等）、在什么地方用（桌面电脑、移动设备、家庭多媒体等）、如何用（鼠标键盘、触摸屏、遥控器等）。任何一个元素的改变都会使设计师对网页界面做出相应的调整。图 1-17 所示为产品调研的示意图。

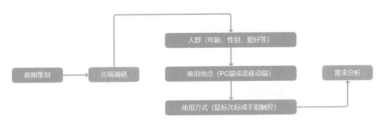

图 1-17　产品调研示意图

☆ 小技巧：理解前期策划

网页 UI 设计的前期策划工作，产品经理需要考虑 3W（Who、Where、Why）的问题，3W 就是使用者、使用环境和使用方式等内容，而通过一些渠道得到的大量 3W 数据称为市场调研。经过市场调研，产品经理可以得到产品的需求分析。知道了产品的需求分析，产品经理就可以开始对产品进行下一步的制作了。

　　在需求分析的阶段，产品经理应该对开发的新产品有一个尽量详细的了解，包括市场现状、核心用户的关注点、竞品的市场情况、产品资源和产品定位等，图 1-18 所示为需求分析阶段需要调研的要点，下面就其主要阶段进行说明。

1. 领域调研

领域调研不仅要对产品本身进行分析，更重要的是要分析行业特性、市场现状、竞争环境、盈利情况，判断自有项目的可行性。

2. 竞品分析

竞品分析是分析国内外产品的特性和各自优势，做到知己知彼。

图 1-18　需求分析示意图

3. 用户分析

适用人群特征、人群市场容量、用户关注点。

4. 产品定位

产品定位是指产品设计初期，需要在用户心中确立具体形象的过程。

5. 实时数据分析

实时数据分析是指了解市场的关键指标数据，通过实时数据的比对，对产品现状有一个初步了解。

6. 用户路径

用户路径分析是了解用户在产品内部的行为路径。

▶ 1.4.2　交互设计

将需求梳理好后，接下来开始进行交互设计。交互设计是产品成型的阶段，产品从抽象的需求转化成具象的界面，需要产品经理和交互设计师配合完成，当然大部分公司都是产品经理独立完成。交互设计的工作流程如图 1-19 所示。

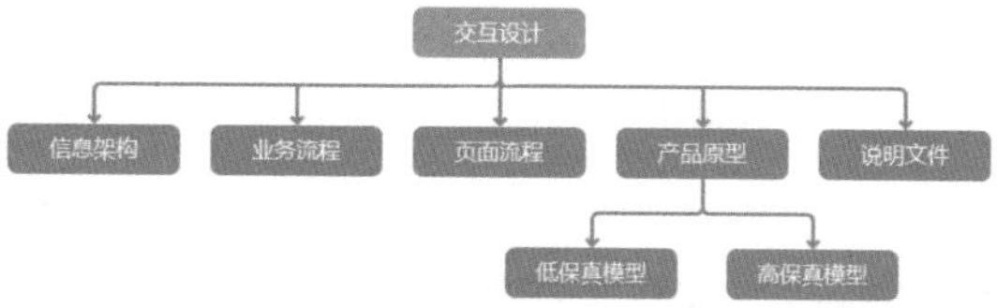

图 1-19　交互设计示意图

1. 信息架构

交互设计中的信息架构其实就是产品信息分类。产品由哪些功能组成，将相关功能内容组织分类，明确逻辑关系，并平衡信息展现的深广度，引导用户寻找信息。

2. 业务流程

业务流程是一个产品功能设计的基础，确定了流程，后面的工作才能顺利进行。否则会出现产品功能实现摇摆不定、反复修改的状况。

3. 页面流程

页面流程是业务流程的延伸，要用以用户为中心的思路来整理，按用户使用页面的顺序进行组织，把页面结构和跳转逻辑梳理得更清楚，并确定每个页面的展现主题。

4. 产品原型

根据前面的一系列工作，初步确定网页界面风格、颜色搭配、信息内容和构图布局等内容，之后进行原型图的绘制。原型图的绘制比较简单，但是它可以对网页UI 进行初步的功能测试。在没有设计稿之前，如果遗漏什么重要的信息或功能板块，也可以在原型稿中及时做出调整。

产品原型可以分为低保真模型和高保真模型，其目的和产出物如图 1-20 所示。

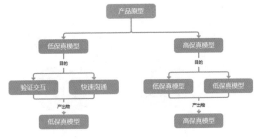

图 1-20 产品原型的目的和产出物

低保真模型就是验证交互想法的粗略展现，不用精细，因为在这个阶段会有很多更改，需要不断地评审和讨论，最好就是纸和笔手绘，可以用 Axure RP 或 sketch 做一些简单的草图。高保真模型要将详细的页面控件、布局、内容、操作指示、转场动画、异常情况等都详细表达出来，给视觉设计人员和开发人员详细参考。

5. 说明文件

此处的说明文件指的是交互说明文件。写交互说明文件要以开发为中心，使用开发人员能够理解的交互逻辑和规则。如果没有专门的交互说明文件，一般会在原型旁边添加注释说明，目的都是要把交互逻辑和交互规则表达清楚。

▶ 1.4.3 视觉设计

完成页面的交互设计后，接下来开始视觉设计。视觉设计可以分为视觉概念稿、视觉设计图和标注切图。

1. 视觉概念稿

在开始正式的视觉设计之前，可以挑选几个典型的页面设计不同的风格稿，等客户或者领导确定视觉风格后，再进入下一步工作，避免推翻重做的风险。图 1-21 所示为视觉概念的过程。

图 1-21 视觉概念的示意图

2. 视觉设计图

视觉设计也是一个很复杂的工作流程，影响一个产品展现在用户面前最直观的印象，需要延续用户体验设计原则和良好表达产品风格。视觉设计之后还需要建立标准控件库和页面元素集合等视觉规范，使团队的工作统一化、标准化。图 1-22 所示为视觉设计的过程。

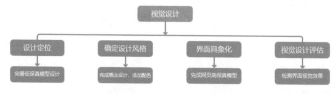

图 1-22　视觉设计的过程

3. 标注切图

视觉设计图完成后，需要给设计稿做标注，方便前端工程师切图和适配输出。标注的内容主要是边距、间距、控件宽高、控件颜色、背景颜色、字体、字体大小、字体颜色等，图 1-23 所示为标注切图的过程。

图 1-23　标注切图的过程

▶ 1.4.4　开发测试

开发测试阶段，需要技术人员使用代码语言将网页 UI 设计稿制作成可以在线上使用的网络页面。这个阶段虽然说工作进度是以技术人员为主，但是也需要设计人员的配合，来完善设计稿中缺失或显示错误的模块。图 1-24 所示为开发测试的示意图。

图 1-24　开发测试的示意图

☆ 提示

技术开发阶段是解决方案的生产和测试环节，该阶段需要技术人员进行前端开发和后台开发，并在开发完成后进行可用性测试，以确保开发页面的质量。要求开发出的页面必须高度还原设计稿，尤其是在高保真模型中安排的交互设计也要逐一实现才可以。

▶ 1.4.5 运营维护

运营维护阶段，产品团队需要经历发布产品、线上观察数据、总结提炼和后期维护等过程，来完成产品开发最后的阶段。图 1-25 所示为运营维护阶段的示意图。

图 1-25 运营维护的示意图

1. 观察数据

在线上将产品发布后，产品团队需要具体观察产品数据，即收集上线后的产品数据和用户行为数据，将收集的数据与初期设定的产品数据对比，看是否达到设计目标。

2. 总结提炼

通过收集并整理用户行为数据，了解用户使用产品的一些不满的点和满意的点，进行总结提炼。

3. 后期维护以及定时更新

通过总结提炼发现产品的潜在问题，将问题持续改进。最后根据上线后的数据、用户反馈、新的功能测试对产品进行持续迭代。

1.5 网页 UI 的设计风格

在制作网页 UI 时，需要根据行业、用户和场景等因素确定页面设计，其中需要了解的有网页设计风格、网页配色和页面元素等内容。首先来了解一下网页的设计风格有哪些。

▶ 1.5.1 拟物化风格

拟物化风格要求网页中的一些元素在外观上模拟真实物体的材质、质感、细节、阴影和光亮等特征，并且要求网页中的人机交互也模拟现实中的互动方式。

虽然拟物化的风格设计可以向浏览者传达丰富的人性化感情，但是拟物化本身就是约束，在网页设计上过多使用，会限制功能本身的设计。图 1-26 所示为拟物化风格网页 UI。

（a）　　　　　　　　　　　（b）

图 1-26　拟物化风格网页

☆ 提示

网页的设计风格也有潮流趋势，当读者了解了每种设计风格的含义与特点之后，再结合其他的业务需要来最终确定网页产品的设计方案。

☆ 小技巧：拟物化风格的特点

在扁平化风格流行之前，大行其道的设计风格是拟物化的设计风格。在拟物化设计风格盛行的时候，网页中的主打产品或者主流模块都有一些类似的设计美学，例如一些立体、内阴影和外阴影等因素。初看到这些界面元素的时候，大多数浏览者会觉得惊艳，但是看久了就会觉得不过如此。另外，拟物化风格设计有一定的排他性，如果将网页中的图标设置成拟物化风格，但是各个图标的风格不能统一，就会让人觉得网页 UI 非常混乱。

▶ 1.5.2　扁平化风格

　　扁平化风格的核心设计思想是去除冗余、厚重和繁杂的装饰效果。具体的表现是去掉了网页元素中多余的透视、纹理、渐变以及 3D 效果等因素，这样可以让"信息"本身重新作为核心被凸显出来。同时在设计元素上，需要强调元素的抽象、极简和符号化。图 1-27 所示为扁平化风格的网页 UI 示例。

☆ 提示

扁平化设计风格的总体趋势是以简单和最少化为主。扁平化设计风格主要有 5 个要点，分别是极简、贴切、圆角、中性和鲜明的对比。

　　在众多的扁平化设计中，iOS 系统的界面元素以简单和纯色为组合进行设计，微软的界面设计则以单色和极简的抽象矩形色块为主，它们的特点是大字体、光滑和现代感十足。图 1-28 所示为扁平化风格的网页 UI 示例 2。

（a） （b）

图 1-27　扁平化风格网页示例 1

扁平化的风格设计并不意味着设计元素完全去掉立体效果。具有一定的立体效果和透视角度，在一些情况下是有美感的，并且也能清晰地反映元素的功能

图 1-28　扁平化风格网页示例 2

▶ 1.5.3　极简化风格

极简化设计风格的特点是追求极致简约的呈现效果，并且不接受违反这一形态的任何事物，消除作品对观者的压迫力，追求形式上的简单极致、思想上的优雅。图 1-29 所示为极简化网页 UI。

（a） （b）

图 1-29　极简化风格网页

☆ 小技巧：极简化风格受欢迎的原因

极简化设计风格被越来越多的设计师所认可并采用，不仅仅因为它界面简单整洁，便于用户理解和操作，还因它在提升网页的加载速度、页面屏幕兼容度和用户体验愉悦度等方面作用巨大。

▶ 1.5.4　3D 风格

3D 风格是在扁平化设计之上，增加少量的 3D 效果。这样可以为网页添加灵动性，如果再添加一些非扁平元素，也可以给网页 UI 带来原本缺乏的维度感和纵深感。图 1-30 所示为 3D 风格的网页 UI。

（a）　　　　　　　　　　　　　　（b）

图 1-30　3D 风格网页

☆ 提示

这里的 3D 风格不是使浏览者感到身在 3D 环境，而是运用少量的 3D 效果，使网页 UI 显得更加灵动，同时提升主体视觉的吸引力。

▶ 1.5.5　插画风格

插画风格的特点是网页元素圆润、呆萌、可爱有趣和简洁，网页元素也可以是演变的线框图和 Q 版卡通画等。插画风格也分多种，图 1-31 所示为多种插画风格中的一种网页 UI。

（a）　　　　　　　　　　　　　　（b）

图 1-31　插画风格网页

☆ 提示

插画是一种常用于网页设计中的媒介，它可以打破疏离与沉闷，创造轻巧、灵动的质感，从而使网页 UI 变得温和、亲近和可爱。在网页中使用插画的目的是将文字内容、故事或思想以视觉化的方式呈现，使文字意象的表达更加清晰和生动。

▶ 1.5.6 无边框风格

无边框风格是指不使用各类边框的网页设计，这里的边框是指任何类型的装饰性容器。网页通过去掉这些装饰性容器，加强基本内容的设计感，图 1-32 所示为无边框风格的网页 UI。

（a）　　　　　　　　　　　　　　　（b）

图 1-32　无边框风格网页

> ☆ 提示
>
> 无边框风格通过运用大图，将同等层级的内容用同一种表现方式表现，增加了产品的格调，体现了产品简洁不简单的设计理念。一般情况下，产品比较小众、功能相对比较简单的网页，比较适合使用无边框的设计风格。

▶ 1.5.7 纵向分割风格

纵向分割设计风格的特点是将屏幕一分为二，甚至是分为多栏。在网页 UI 设计中使用分屏式设计可以方便呈现不同的信息，制造左右对比的效果，同时划分网页的有效区域，方便用户进行快速选择和视觉聚焦。图 1-33 所示为纵向分割风格的网页 UI。

（a）　　　　　　　　　　　　　　　（b）

图 1-33　纵向分割风格网页

☆ **小技巧：纵向分割风格网页中分割线的偏向性**

纵向居中分割页面：使用纵向线分割页面时，分割线居中就等于均等分割网页，但视觉偏向左边时，页面会更具母性，即内向型。相反，如果视觉偏向右边时，网页页面则具有父性，即外向型。

纵向分割且左侧面积大：当页面被纵向分割时，左右排布的内容就会具备一种包含时间性的隐喻。左侧面积较大时，会表现出过去、经典的感觉，或暗含过去的属性。

纵向分割且右侧面积大：右侧面积较大时，所带来的感受就会显得更加外向和具有攻击性，有种面向未来的感觉，因此这种分割布局会呈现出一种前进的感觉。

▶ **1.5.8　超级版头风格**

超级版头风格的设计特点是在网页首页上使用尺寸超大，且美观精致的 Banner 图来表现网页主题。因为这个超级版头集合了设计师对产品的精华总结，所以这是网页将最重要的主体内容展示给用户看的表现。图 1-34 所示为超级版头风格的网页 UI。

（a）　　　　　　　　　　　　　　（b）

图 1-34　超级版头风格网页

☆ **提示**

以往的网页设计中，各种网页都喜欢使用轮播图片的效果。虽然这种设计方式在许多网页的首页上仍然适用，但却正在逐渐失去吸引力。取而代之的是采用核心区域或元素，也就是主题图或者超级版头来装饰网页 UI。

1.6　设计网页常用软件

设计制作网页 UI 的方式发生了很大的改变，不再依靠手绘，而是使用拥有强大图像编辑功能的制图软件。如今市场上出现了许多图像编辑软件，而各个软件的优缺点各不相同，接下来为读者简单介绍几款设计师们常用的制图 / 绘图软件。

▶ **1.6.1　Photoshop CC**

Photoshop 是目前市面上使用最为普遍的图像处理与合成软件，它的最新版本为 Photoshop CC 2019，本书中的部分操作案例将使用 Photoshop CC 2019 完成。

在使用 Photoshop CC 2019 进行设计操作之前，首先需要将该软件安装到计算机中。安装完成后，双击如图 1-35 所示的启动图标，可成功启动 Photoshop CC 2019。用户启动软件后，电脑桌面将会出现如图 1-36 所示的 Photoshop CC 2019 启动界面。

图 1-35　启动图标　　　　　　图 1-36　Photoshop 启动界面

将软件打开后，用户可以看到如图 1-37 所示的软件欢迎界面。在欢迎界面中用户可以选择打开已有的图像文件进行再次制作，也可以选择新建图像文件，进行全新的创作。

图 1-37　Photoshop 欢迎界面

执行打开文件或新建文件后，就进入到了软件的工作界面，如图 1-38 所示。在工作界面，用户可以将前期的准备工作和产品理念——实现到设计图稿中。

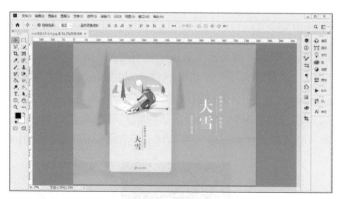

图 1-38 Photoshop 工作界面

▶ 1.6.2 Axure RP 9

Axure RP 是由美国 Axure Software Solution 公司开发的一款旗舰产品。因为它是一款专业的快速原型设计软件，所以它可以让负责定义需求和规格、设计功能和界面的专家快速创建应用软件或 Web 网页的线框图、流程图、原型和规格说明文档。

作为专业的原型设计软件，Axure RP 能快速并且高效地创建原型，同时还支持多人团队设计和版本控制管理。它的最新版本为 Axure RP 9，Axure RP 9 软件的下载页面如图 1-39 所示。

图 1-39 Axure RP 9 下载网页

☆ 提示

Axure RP 是一款专业的快速原型设计工具。Axure 代表美国 Axure 公司，RP 则是 Rapid Prototyping（快速原型）的缩写。

用户将软件安装并汉化完成后，可以通过双击桌面上的快捷方式图标或单击"开始"菜单中的启动图标来打开软件。图 1-40 所示为该软件的启动图标，启动软件后的欢迎界面如图 1-41 所示。

图 1-40　启动图标

图 1-41　Axure RP 启动界面

通常在第一次启动软件时，系统会自动弹出"管理授权"对话框，要求用户输入被授权人和授权密码，授权密码通常在用户购买正版软件后获得。如果用户没有输入授权密码，则只能试用软件 30 天，试用期过后将无法正常使用。

☆ 提示

Axure RP 能帮助产品原型设计师快捷而简便地创建基于网页构架图的带注释页面示意图、操作流程图，并可自动生成网页文件和规格文件。这些文件可供演示与开发。

▶ 1.6.3　Adobe XD

Adobe XD 是一款集 UI 设计和 UX 设计于一体的专业设计软件，主要用于设计 UI 并为其添加简单的交互效果。它能够实现设计页面和原型页面的转换，并将文档共享给项目团队的其他人员或者利益相关者。图 1-42 所示为 Adobe XD 的启动图标。

使用 Adobe XD，交互设计人员可以通过单个应用程序来设计面向 Web 和移动应用程序的交互式用户体验。

图 1-42　启动图标

Adobe XD 已实现与 Photoshop、Illustrator 和 After Effects 的良好集成。这表示用户可以在喜欢的应用程序中进行设计，再将这些资源导入 Adobe XD 中，然后使用 Adobe XD 创建和共享原型。

用户可以在 Adobe XD 中的画板上进行快速简单的 UI 设计。随后，将画板连接在一起以创建可与利益相关者共享和迭代的交互式原型。用户还可以使用插件，自动执行重复操作或一部分烦琐、复杂或重复的设计工作流程。

启动 Adobe XD 时，用户会看到如图 1-43 所示的"主页"屏幕。用户可以在主页屏幕左侧窗格上的"附加设备"选项卡中访问插件、UI 工具包和应用程序集成，如图 1-44 所示。"插件"通过自动执行复杂和重复的任务，或者在本机 XD 工作流程中集成外部服务或应用程序来扩展 XD 的功能。

图 1-43　主页屏幕

图 1-44　附加设备

通过"主页"屏幕，用户可以快速访问画板预设、加载项、云文档和与用户共享的文件，并可以管理链接、删除的文件以及存储在计算机中的文件。用户还可以访问最近打开的 XD 文件、XD 的新增功能、学习和支持文章、内置教程，并提供反馈。

图 1-45 所示为 Adobe XD 的工作界面结构，包括主菜单、设计模式、原型模式、在移动设备上查看、预览、在线共享、工具栏、属性面板、画板和粘贴板等功能区域。

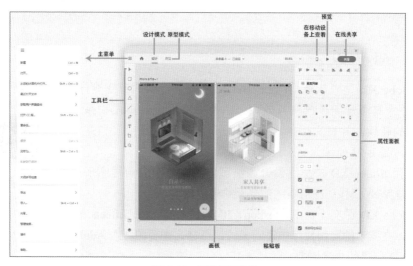

图 1-45　工作界面结构

▶ 1.6.4　Px Cook

网页 UI 的设计定稿之后，设计师需要对界面进行标注，借助一些专业的标注工具有利于设计师提高工作效率。

Px Cook 是一款标注切图的工具软件。从 2.0 版本开始，Px Cook 开始支持 PSD 文件中文字、颜色和距离等的自动智能识别。虽然它还附带切图功能，但是比较低级和麻烦，不推荐使用切图功能。图 1-46 所示为 Px Cook 的启动图标和设计界面。

图 1-46　Px Cook 的启动图标和设计界面

1.7　举一反三——分析运动服饰类网页

根据前面学习过的知识，读者应该知道网页的设计风格是多样化的，构成网页的界面元素也是多种多样的。

图 1-47 所示为一款运动服饰类的网页，它采用了极简化的设计风格，搭配着青春靓丽的配色设计，使网页充满了活力，同时拥有干净整洁的界面布局。这样的网页设计风格和配色设计，非常受年轻用户的喜欢。

图 1-47　运动服饰类网页

1.8　本章小结

相对于其他设计而言，网页 UI 设计更注重艺术与技术的结合、形式与内容的统一，以及交互和用户体验的诉求。本章向读者介绍了网页 UI 设计的相关基础知识，通过学习本章，读者应能够了解网页 UI 设计的基础理论知识，并能够在之后的网页 UI 设计过程中进行应用。

第 2 章

网页 UI 中的元素设计
初体验

本章主要内容

网页 UI 由多种元素共同构成，合理布局这些元素并对其进行美观的配色设计，可以使网页 UI 更加富有创意和吸引力，也使网页 UI 的结构更加立体化。本章将向读者介绍网页中各种元素的相关知识，让读者能够设计出更好的网页 UI。

2.1 网页中的文字设计

最开始的网页是纯文本网页,由纯粹的文字内容组成。现在的网页虽然表达信息的形式和元素更加丰富,但是依然离不开文字。接下来为读者介绍一些网页文字设计的知识点。

▶ 2.1.1 文字在网页中的应用

文字排版设计主要包括字体的选择和文字在网页中排版的艺术规律。文字的排版设计,已经成为网页设计中的一种艺术手段和方法,它不仅给浏览者美的感受,而且可以影响浏览者的情绪、态度及看法,从而起到传递信息、树立形象和表达情感等作用。

> **☆ 小技巧:文字在传达信息时具有高度的明确性**
>
> 图形和文字是平面设计构成要素中的两大基本元素。在传达信息时,如果仅通过图形来传达信息,往往不能达到最佳的传达效果,只有借助文字才能达到最有效的信息说明。在网页设计中也不例外,在图形图像、布局版式和配色设计等众多构成要素中,文字具有最佳的直观传达作用以及高度的明确性。

文字不仅是语言信息的载体,而且是一种具有视觉识别特征的符号。通过对文字进行图形化的艺术处理,不仅可以表达语言本身的含义,还可以以视觉形象的方式传达语言之外的信息。在网页设计中,文字的字体、规格以及编排形式就相当于文字的辅助表达手段。

通过图形化处理的文字是对文字本身含义的一种延伸性的阐发。与语言交流时的语气强弱、语速的缓急、面部表情及姿态一样,文字的视觉形态的大小、曲直、排列的疏密整齐或凌乱都会给浏览者不同的感受。图 2-1 所示为网页 UI 中的文字设计表现。

> **☆ 提示**
>
> 文字可以有效地避免信息传达不明确或歧义等现象的发生,从而使浏览者能够方便、顺利和愉快地接受信息所要传达的主题内容。

1. 字体的表现力

从视觉效果来讲,文字本身是一种特殊的图形,不同的字体具有不同的性格和表现力。笔画粗壮并且棱角分明的字体,会给浏览者一种男性化、庄重、严肃、醒目和有力的感觉;笔画纤细并且字型圆润的字体,则会带给浏览者一种女性化、清

新、精密和柔弱的感觉；而手写体带给浏览者的就是随性、有个性和设计感强烈等印象，如图 2-2 所示。

（a）

（b）

图 2-1　网页 UI 中的文字设计

（a）

（b）

图 2-2　网页中字体的表现力

2. 字体种类的选择

同一网页 UI 中，使用的字体种类较少、差异性较小的话，可以使网页具有文静、雅致的特点，这种字体搭配方式常用来表现精细和高格调的网页。

使用的字体种类多且差异性大，会让网页显得喧闹，给浏览者一种信息量巨大的感觉，所以通常并不建议使用。一般来讲，除非特别需要的情况，同一个网页中，使用的字体不宜超过 4 种，如图 2-3 所示。

（a）

（b）

图 2-3　网页中使用字体的数量

3. 尽量使用标准字体

不是每位浏览者都可以在终端上看到同一个字体，这意味着设计师选择的特殊字体，用户有可能看不到，因此应尽可能选择标准字体。

- 用户更熟悉标准字体，因此他们可以更快地阅读。
- 特殊的并且少量的字体可以制作成广告素材嵌入网页中使用。
- 良好的排版会使用户更加关注内容本身，而不是字体的类型。

4. 限制一行文字的长度

保证每一行文字的字符数量是文本可读的关键。在网页中不是设计师来定义文本的宽度，而应根据用户的可读性来定义。

如果一行文字太长，会使用户在阅读时容易串行，在大段的文本中很难找到正确的行。这样会导致用户的眼睛难于专注文字。

如果一行文字太短，会使用户的眼睛经常移到下一行文本，打破用户的阅读节奏。而一行文字太短也会向用户发出一种信号，使用户没有读完当前行就自动跳转到下一行，这样的话用户可能会忽略潜在的重要词句，导致信息误判。

> **☆ 提示**
>
> 设计移动端 UI 时，应该每行 30 ~ 40 个字符，具体显示多少个字数，与不同分辨率的屏幕、文本宽度和字体大小都会有关系。设计的原则是：保证用户可以流畅地阅读文本，文字不宜太小或太大。以 iOS 操作系统的网页 UI 为例，正文文本最小字号不能小于 24px，太小了用户会难以阅读。

5. 避免在界面中大段地使用大写字母

不要所有文本都使用大写字母。如果想要用户阅读大写字母，设计师可以将首字母大写，或者将具有特殊含义的缩写以大写字母表示。与小写字母相比，大量地使用大写字母会严重降低用户的阅读效率和愉悦感，如图 2-4 所示。

（a）　　　　　　　　　　　　　　　（b）

图 2-4　网页中字母的大小写

▶ 2.1.2　网页中文字的设计规范

在网页 UI 设计中，文字设计能够起到美化网页 UI、有效传达主题信息、丰富页面内容等重要作用。如何更好地对网页中的文字进行设计，以达到更好的整体视觉效果，给浏览者新颖的视觉体验呢？

1. PC 端网页文字设计规范

PC 端的网页 UI 空间比较大，一屏内容中文字的使用量是相当可观的，这使得 PC 端网页中的文字使用方式比较简单，故而它的规范也比较少。字号使用规范如表 2-1 所示。

表 2-1　字号规范

导航、标题文字	16px、18px、20px、24px、30px
正文	14px
可以使用的最小字号	12px
特殊强调	36px、40px、48px……

2. iOS 系统的文字设计规范

在 iOS 系统 UI 设计中，关于文字的字体如何选择，字号如何设定，这些都有一定的规范。下面为读者介绍 iOS 系统规定使用的字体，分为中文字体（苹方字体）和英文字体（San Francisco 字体）两种形式，如图 2-5 所示。

图 2-5　iOS 系统的规定字体

3. Android 系统的文字设计规范

文字作为视觉元素中必不可少的一个，在 Android 系统界面设计时也拥有自己独立的设计规范。Google 官方规定，Android 系统的默认字体是思源黑体和 Roboto，图 2-6 所示为 Android 系统的规定字体。

练一练——设计制作网页 3D 广告文字

源文件：第 2 章 \2-1-2.psd　　　　　　视频：第 2 章 \2-1-2.mp4

微视频

• 案例分析

本案例是设计制作一款 3D 广告文字，此款广告文字的设计主旨是简洁、明了。

使用青色和白色的配色设计，适合一些食品网页和运动网页使用。其中绿色的树叶装饰，读者可以根据使用时的具体情况进行替换。图 2-7 所示为 3D 广告文字的图像效果。

图 2-6　Android 系统的规定字体

图 2-7　3D 文字的图像效果

• 制作步骤

Step01 打开 Photoshop CC 软件，单击"欢迎界面"中的"新建"按钮，弹出"新建文档"对话框，新建文档的各项参数如图 2-8 所示。设置完成后，单击"创建"按钮进入工作区。

Step02 打开"字符"面板，设置如图 2-9 所示的字符参数。单击工具箱中的"横排文字工具"按钮，在画布中输入如图 2-10 所示的文字，文字颜色为 RGB（39、195、186）。

图 2-8　文档参数　　　图 2-9　字符参数　　　图 2-10　文字效果

Step 03 复制图层，隐藏旧图层。为复制的图层执行"3D>从所选图层新建3D模型"命令，并为3D模型设置如图2-11所示的参数。设置完成后，文字内容的展示效果如图2-12所示。

图2-11　3D参数　　　　　　　　　　　　　　　　　　　　图2-12　3D文字效果

Step 04 栅格化3D图层，按住Ctrl键，单击图层缩览图将文字内容添加到选区，如图2-13所示。使用组合键Shift+F5，弹出"填充"对话框，设置如图2-14所示的参数，前景色颜色值为RGB（39、195、186）。

图2-13　添加选区　　　　　　　　　　　　　　　　　　　图2-14　填充选区

Step 05 选区填充完成后，图像效果如图2-15所示。使用组合键Ctrl+D取消选区后，为图层添加"描边"的图层样式，图层样式的具体参数如图2-16所示。

图2-15　图像效果　　　　　　　　　　　　　　　　　　　图2-16　图层样式

Step 06 图层样式设置完成后，文字的图像效果如图 2-17 所示。复制隐藏图层，更改文字图层的颜色参数为如图 2-18 所示的数值。

图 2-17　图层样式的图形效果　　　　　　　　图 2-18　字符参数

Step 07 颜色设置完成后，图形效果如图 2-19 所示。为文字图层添加"内发光"的图层样式，图层样式的具体参数如图 2-20 所示。

图 2-19　文字效果　　　　　　　　　　　图 2-20　图层样式

Step 08 设置完成后，单击"确定"按钮，图像效果如图 2-21 所示。继续复制隐藏的文字图层，并为文字图层更改填充颜色为白色，复制的文字图层的字符参数如图 2-22 所示。

图 2-21　图像效果　　　　　　　　　　　图 2-22　字符参数

Step09 更改完文字图层的参数后，图像效果如图 2-23 所示。执行"文件 > 打开"命令，选中素材图像将其打开，使用"移动工具"将素材图像拖曳到设计文档中，调整图层顺序到隐藏的文字图层上方，最终的广告文字效果如图 2-24 所示。

图 2-23　文字的图像效果

图 2-24　广告文字效果

2.2　网页中的图片设计

图片也是构成网页的重要元素之一，设计师将图片元素放置在网页中的不同位置，每个位置都有不同的作用和释义。

▶ 2.2.1　常用图片格式

由于网页传输和网络载体的特殊性，在网页中使用的图形格式与出版印刷常用的图形格式就大不相同了，且在网页中图形的使用目的不同，图形的格式也会不一样。网页中常用的图形格式主要有以下 3 种。

1. JPEG 格式

JPEG 是联合图像专家组（Joint Photographic Experts Group）的缩写，是一种有损压缩的格式，这种图形格式是用来压缩连续色调图像的标准格式，所以应用最为广泛。

这种格式的压缩比较高，但在压缩的同时会丢失部分图形的信息，所以图形的质量要比其他格式的图形质量差。JPEG 格式的图形支持全彩色模式，比较适用于颜色丰富的图像，图 2-25 所示为 JPEG 格式的图标效果。

2. PNG 格式

PNG 的全称是 Portable Network Graphic，意为可移植网络图像，是由 Netscape 公司研发出来的。目前，IE 和 Netscape 两大浏览器已经全部支持该格式的图形，且在许多欧美网页也在使用这种格式的图形，图 2-26 所示为 PNG 格式的图标效果。

3. GIF 格式

GIF 格式是 CompuServe 公司在 1987 年开发的图像文件格式，它的全称是

Graphics Interchange Format，原先是"图像互换格式"的意思，是一种无损压缩格式，压缩率在 50% 左右，但对于颜色简单的图形具有非常高的压缩率。其不属于任何应用程序，主要用作网页动画、网页设计和网络传输等方面，图 2-27 所示为 GIF格式的图标效果。

图 2-25　JPEG 格式的图标效果　　图 2-26　PNG 格式的图标效果　　图 2-27　GIF 格式的图标效果

▶ 2.2.2　图片模式

在 UI 设计领域最常用的 Photoshop 软件中，"图像模式"和"颜色模式"是一个概念，Photoshop 中共包括 9 种颜色模式，分别为 RGB 模式、CMYK 模式、Lab模式、HSB 模式、位图模式、灰度模式、多通道模式、双色调模式和索引颜色模式。本小节将讲解设计师最常用的 4 种模式。

1. RGB 模式

RGB 模式是数码图像中最重要的一个模式，同时也是 UI 设计中最常使用的一个颜色模式。

RGB 模式为 24 位颜色深度，该模式的图像有红、绿、蓝三个颜色通道，每个通道都有 8 位深度，三个通道合在一起共可生成 1677 万种颜色，人们称之为"真彩色"。图 2-28 所示为 RGB 模式图像及其"通道"面板。

（a）　　　　　　　　　　　　　　　（b）

图 2-28　图像的 RGB 模式

2. CMYK 模式

CMYK 模式是用来打印或印刷的模式，这种格式的图像有青、洋红、黄、黑四个颜色通道，但是 Photoshop 的很多功能不支持 CMYK 模式。

RGB 模式的色域范围比 CMYK 模式大，因为印刷颜料在印刷过程中不能重现 RGB 色彩。图 2-29 所示为 CMYK 模式图像及其"通道"面板。

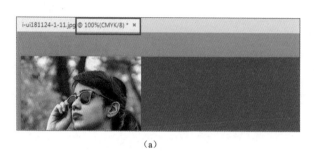

（a） （b）

图 2-29 图像的 CMYK 模式

3. Lab 模式

Lab 模式也是一个很重要的颜色模式，该模式图像同样拥有三个通道，一个亮度通道 L 和两个颜色分量通道 a 和 b。Lab 模式是色域范围最广的颜色模式。

4. 灰度模式

灰度模式是 8 位深度的图像模式，在全黑和全白之间插有 254 个灰度等级的颜色来描绘灰度模式的图像。所有模式的图像都能换成灰度模式，甚至位图也可转换为灰度模式。Photoshop 几乎所有的功能都支持灰度模式。

2.3 网页中的图标设计

图标是网页构成元素中必不可少的一项内容，它也属于图形元素中的一种，设计师需要将其完成绘制，然后输出为 PNG 图像，用于网页设计中。

▶ 2.3.1 认识网页图标

图标是一种非常小的可视控件，是网页中的指示路牌，它以最便捷、简单的方式去指引浏览者获取其想要的信息资源。用户通过图标上的指示可以很快找到自己需要的信息或者完成某项任务，从而节省大量宝贵的时间和精力。

1. 图标概述

图标是具有指代意义的具有标识性质的图形。它具有高度浓缩，传达信息快捷和便于记忆的特性。图标的应用范围极为广泛，可以说它无所不在。一个国家的图标是国旗；一件商品的图标是注册商标；军队的图标是军旗；学校的图标是校徽等。而网页中的图标也会以不同的形式显示在网页中。

图标分为广义和狭义两种。广义的图标是指具有指代意义的图形符号，具有高度浓缩、传达信息快捷和便于记忆的特性。图标的应用范围很广，在软硬件、网页、社交场所、公共场合中应用广泛，例如各种交通标志等。

狭义的图标是指计算机软件方面的应用，包括程序标识、数据标识、命令选择、模式信号或切换开关、状态指示等，图 2-30 所示为常见的计算机系统图标。

一个图标是一组图像，以各种不同的格式（大小和颜色）组成，如图 2-31 所示。此外，每个图标可以包含透明的区域，以方便图标在不同背景中的应用。

图 2-30   系统图标

图 2-31   图标设计

图标在网页中占据的面积很小，不会阻碍网页信息的宣传。另外，设计精美的图标还可以为网页增添色彩。由于图标本身具备的种种优势，几乎每一个网页的界面中都会使用图标来为用户指路，从而大大提高了用户浏览网页的速度和效率，也极大地提升了网页视觉风格的美观程度，如图 2-32 所示。

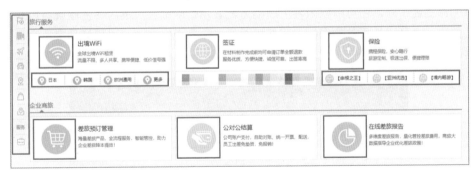

图 2-32   网页图标

2. 网页中的图标应用

网页图标就是用图像的方式来标识一个栏目、功能或命令，例如，在网页中看到一个日记本图标，浏览者很容易就能辨别出这个栏目与日记或留言有关，这时就不需要再标注一长串文字了，也避免了各个国家之间不同文字所带来的麻烦，如图 2-33 所示。

图 2-33　图标应用

网页图标更多地是为网页中的某段文字做出标识，方便浏览者理解

在网页 UI 设计中，会根据不同的需要来设计不同类型的图标，最常见的是用于导航菜单的导航图标，以及用于链接其他网页的友情链接图标，如图 2-34 所示。

图 2-34　友情链接图标

当网页中的信息过多，而又想将重要的信息显示在网站首页时，除了以导航菜单的形式显示外，还可以以内容主题的方式显示。网站首页的内容主题既可以是链接文字，也可以是相关的图标，而使用图标这种表现方式，可以更好地突出主题内容，如图 2-35 所示。

图 2-35　导航图标

▶ 2.3.2　移动端图标设计

移动端网页和 PC 端网页的设计尺寸不同，其页面中的各个构成元素的尺寸也不相同。接下来为读者介绍移动端两大系统的图标设计尺寸，方便读者日后的学习和设计工作。

1. iOS 系统的图标设计规范

表 2-2 所示为 iOS 系统中各种屏幕下图标的尺寸规范。除了尺寸外，一套 APP 图标应该具有相同的风格，包括造型规则、圆角大小、线框粗细、图形样式和个性细节等。

表 2-2　iOS 系统图标尺寸规范

型号	iPhone 6 Plus	iPhone 5/6/7/8	iPad mini
APP Store	1024×1024px	1024×1024px	1024×1024px
程序应用	180×180px	120×120px	90×90px
主屏幕	114×114px	114×114px	72×72px
搜索	87×87px	58×58px	50×50px
标签栏	75×75px	75×75px	25×25px
工具栏/导航栏	66×66px	44×44px	22×22px

☆ 提示

在 APP 界面的设计中，功能图标不是单独的个体，通常是由许多不同的图标构成整个系列，它们贯穿于整个 APP 的所有页面并向用户传递信息。任何一组图标都具有统一的色彩、统一的圆角大小和统一的线框粗细，综合起来就是具有统一的风格，给用户高度统一的视觉体验。

2. Android 系统的图标设计规范

以 1080×1920px 的屏幕分辨率为准，接下来为读者介绍 Android 系统的图标设计尺寸规范，如表 2-3 所示。

表 2-3　Android 系统图标尺寸规范

屏幕大小	启动图标	操作栏图标	上下文图标	系统通知图标
1080×1920px	144×144 px	96×96 px	48×48 px	72×72 px

☆ 提示

在 Android 系统的 APP 界面设计中，有专业的长度单位和字体单位，分别是 dp 和 sp。上面的表格因为要兼顾整本书的统一，所以将单位转换为设计师日常使用的 px。

最初的 Android 设计尺寸规范没有 iOS 系统规范、全面和具体，这也决定了 Android 系统的灵活性更强，发挥空间也更大。

最新 Material Design 规则上显示，启动器图标可以是 512×512dp 或者 256×256dp；移动端的启动器图标是 128×128dp 或者 64×64dp；移动端的操作栏图

微视频

标应为 32×32dp；通知图标可以是 24×24dp；小图标应为 16×16dp。

练一练——设计制作移动端图标组

源文件：第 2 章 \2-3-2.psd　　　　　　　视频：第 2 章 \2-3-2.mp4

• 案例分析

本案例是设计制作一组移动端图标，此组图标采用了相同的配色方案、造型规则、线条粗细和圆角大小，使得图标风格一致。如果将此组图标运用到某款以紫色和橙色为主色的移动端 APP 界面中，图标的存在会使 APP 界面更加灵动，图 2-36 所示为图标的图像效果。

• 制作步骤

Step 01 打开 Photoshop CC 软件，单击"欢迎界面"中的"新建"按钮，弹出"新建文档"对话框，新建文档的各项参数如图 2-37 所示。设置完成后，单击"创建"按钮进入工作区。

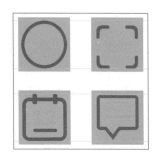

图 2-36　图标效果　　　　　　　　　　　图 2-37　新建文档

Step 02 单击工具箱中的"矩形工具"按钮，创建一个 150×150px 的矩形，颜色填充为 RGB（36、196、186），使用"移动工具"从标尺处向下连续拖曳添加参考线，图像效果如图 2-38 所示。

☆ 提示

在设计网页图标时，设计师会在图标内容的底部添加一个底衬，这个底衬的作用是规范图标的尺寸，让设计师在设计时根据底衬控制图标的尺寸，同时也限定在界面中运用图标时它的可点击范围。

Step03 单击工具箱中的"椭圆工具"按钮，创建一个 132×132px 的椭圆形状，"属性"面板中形状的参数如图 2-39 所示。设置完成后，椭圆形状的图像效果如图 2-40 所示。

图 2-38　创建形状和参考线　　　　图 2-39　形状参数　　　　图 2-40　形状效果

Step04 单击工具箱中的"椭圆工具"按钮，创建一个 20×20px 的椭圆形状，"属性"面板中形状的参数如图 2-41 所示。设置完成后，椭圆形状的图像效果如图 2-42 所示。

Step05 使用"移动工具"向右拖曳形状，连续复制两次椭圆形状，如图 2-43 所示。打开"图层"面板，选中相应的图层，单击图层面板底部的"创建新组"按钮，将其编组并重命名为"更多"，如图 2-44 所示。

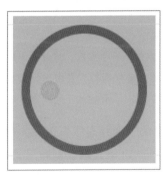
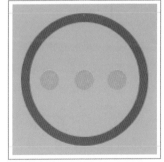

图 2-41　椭圆参数　　　　图 2-42　椭圆效果　　　　图 2-43　复制形状

Step06 打开"图层"面板，选择"矩形 1"图层，右击，在弹出的下拉列表中选择"复制图层"选项。创建一个 120×120px 的圆角矩形，形状的图像效果如图 2-45 所示。

Step07 将路径操作更改为"减去顶层形状"选项，继续创建一个 102×102px 的圆角矩形，如图 2-46 所示。

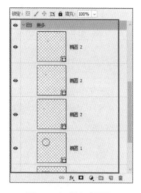

图 2-44　编组图层　　　图 2-45　创建圆角矩形　　　图 2-46　形状减法

☆ 提示

在读者使用形状工具和路径操作绘制图像时，如果没有办法一次性绘制好形状，可以使用"直接选择工具"和"路径选择工具"调整形状的大小。"直接选择工具"可以选择形状的一个或多个锚点，将其移动改变形状大小。用"路径选择工具"可以选择整个形状，然后可以移动形状位置。

Step 08 保持路径操作为"减去顶层形状"选项，继续创建一个 56×9px 的矩形形状，如图 2-47 所示。使用"路径选择工具"并按住 Alt 键向右拖曳形状将其复制，连续复制形状并适当调整形状的角度和位置，如图 2-48 所示。

☆ 提示

在读者使用"路径选择工具"制作案例第 8 步骤时，连续复制的形状有两个需要转换角度。这时读者需要右击，在弹出的下拉列表中选择"自由变换路径"选项，或者使用组合键 Ctrl+T 为形状调出自由变换框，继续右击，在弹出的下拉列表中选择"顺时针旋转 90°"选项。

Step 09 选择"路径操作"中的"合并形状"选项，创建一个 9×9px 的椭圆形状，使用"路径选择工具"并按住 Alt 键连续复制椭圆，如图 2-49 所示。使用"圆角矩形工具"创建一个 134×14px 的形状，形状的图像效果如图 2-50 所示。

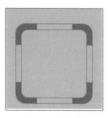
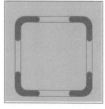

图 2-47　创建矩形　　图 2-48　复制形状　　图 2-49　添加椭圆形状　图 2-50　完成扫一扫图标

Step10 使用相同方法，完成其余两个图标的绘制，图标的图像效果如图 2-51 所示。隐藏底衬图像和参考线，图标的图像效果如图 2-52 所示。

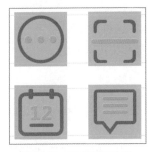

图 2-51　完成图标绘制　　　　　　　图 2-52　图像效果

▶ 2.3.3　网页中的按钮

读者应该经常可以在网页中看到按钮元素，这是因为按钮元素是图标的一种。也就是说，其实按钮元素也是构成网页的基本元素之一，由于近年来移动端网页的蓬勃发展和网页设计风格的改变，大众很难看到一个有趣的网页按钮。那么面对这样的问题应该怎么办？下面首先来为读者介绍一些按钮的基本信息和设计要点。

1. 网页按钮类型

网页中的按钮可以分为普通按钮、图标按钮和文字按钮 3 种类型。

2. 形状要一眼看得明白

按钮首先就是要易于识别且不能与背景合并，这样做的目的是告诉用户按钮的存在，使用户直接点击。

3. 添加阴影，增强识别性

添加阴影是设计师为用户贴心考虑的重要提示，可以帮助用户更加容易识别网页上的点击对象，同时阴影效果还为网页按钮提供凸显外观的作用。但是在一些风格简洁的网页中，并不推荐读者为按钮添加阴影效果。

4. 告诉用户按钮的功能

在设计按钮的时候，设计师需要让用户能够一眼判断按钮的功能。这就要求按钮可识别性高，具有可以引导用户执行操作的作用。

5. 按钮尺寸要适当

网页按钮的大小取决于屏幕的大小。例如移动端的按钮和 PC 端的按钮大小一致，就会使按钮显得很大，很突兀。

6. 保持一致性

网页按钮的形状尽量保持一致，矩形与矩形一起使用，矩形与圆角一起使用，

这样用户会将特定形状的元素识别为"按钮"。按钮元素拥有的一致性将为用户提供更加熟悉的操作体验，同时降低用户学习成本。

7. 使用对比色引导用户

不同按钮之间的颜色应尽量形成清晰的对比，这样能够引导用户做出正确的选择。选择正确的按钮可以帮助用户识别积极、消极和中性等行为。

2.4 网页中的 Logo 设计

作为具有传媒特性的网页 Logo，为了在最有效的空间内实现所有的视觉识别功能，一般是通过特定的图案及特定的文字的组合，达到对被标识体的出示、说明、沟通和交流，从而引发浏览者的兴趣，达到增强美誉、加深记忆等目的。

▶ 2.4.1 网页 Logo 的表现形式

网页 Logo 的表现形式一般可以分为特定图标、特定文字和合成文字。

1. 特定图标

特定图标属于表象符号，具有独特、醒目，图标本身容易被区分、记忆的特点，通过隐喻、联想、概括、抽象等绘画表现方法表现被标识体，对其理念的表达概括而形象，但与被标识体关联性不够直接。虽然浏览者容易记忆图标本身，但对其与被标识体的关系的认知需要相对较曲折的过程，但是一旦建立联系，印象就会比较深刻，图 2-53 所示是以特定图标作为网页 Logo 的表现形式。

2. 特定文字

特定文字属于表意符号。在沟通与传播活动中，反复使用被标识体的名称或是其产品名用一种文字形态加以统一，含义明确、直接，与被标识体的联系密切，容易被理解，认知，对所表达的理念也具有说明的作用，如图 2-54 所示。但是因为文字本身的相似性，很容易使浏览者对标识本身的记忆产生模糊。

图 2-53　使用特定图标制作 Logo　　　　图 2-54　使用特定文字制作 Logo

所以特定文字一般作为特定图标的补充，要求选择的文字应与整体风格一致，应该尽可能做全新的区别性创作。完整的 Logo 设计，尤其是有中国特色的 Logo 设计，在国际化的要求下，一般都应考虑至少有中英文及单独的图标，中文、英文的组合形式，如图 2-55 所示。另外还要兼顾标识或文字展开后的应用是否美观，这一点对背景等的制作十分必要，有利于追求符号扩张的效果。

3. 合成文字

合成文字是一种表象表意的综合，指文字与图标结合的设计，兼具文字与图标的属性，但都导致相关属性的影响力相对弱化。其综合功能为：一是能够直接将被标识体的印象透过文字造型让浏览者理解；二是造型化的文字，比较容易给浏览者留下深刻的印象和记忆，如图 2-56 所示。

图 2-55　特定文字形成 Logo　　　　　　　图 2-56　网页 Logo 效果

▶ 2.4.2　网页 Logo 的设计规范

现代人对简洁、明快、流畅、瞬间印象的诉求使得 Logo 的设计越来越追求一种独特的、高度的洗练。一些已在用户群中产生了一定印象的公司为了强化受众的区别性记忆及持续的品牌忠诚，通过设计更独特、更易理解的图案来强化对既有理念的认同。一些知名的老企业就在积极地推出新的 Logo，如图 2-57 所示。

但是网络这种追求受众快速认知的群体就会强化对文字表达直接性的需求，通过采用文字特征明显的合成文字来表现，并通过现代媒体的大量反复来强化、保持容易被模糊的记忆，如图 2-58 所示。

图 2-57　知名 Logo　　　　　　　　图 2-58　使用合成文字制作 Logo

网页 Logo 的设计大量地采用合成文字的设计方式，如 sina、YAHOO、amazon 等的文字 Logo 和国内几乎所有的 ISP 提供商，如图 2-59 所示。这一方面是因为在网页中要求 Logo 的尺寸要尽可能地小；最主要的是网络的特性决定了仅靠对 Logo 产生短暂的记忆，然后通过低成本大量反复的浏览加深印象。所以网页 Logo 对于合成文字的追求已渐渐成为网页 Logo 的一种事实规范。

随着管理人员、设计人员和策划人员介入网络，Logo 设计也得到良好的探索，尤其是一些设计网页对 Logo 设计做了很多有意义的尝试。如针对网页 Logo 的数字特性探索，Logo 的 3D、动态表现方式等，其中比较共识的做法是为保护 Logo 作为整体形象的代表，只适宜在 Logo 整体不做缺损性变形的条件下做动态变化，即只成比例放大、缩小、移动等，而不适宜做翻滚、倾斜等变化，如图 2-60 所示。

图 2-59　网页 Logo 效果　　　　　　　　　　图 2-60　动态网页 Logo

一个网络 Logo 不应该只考虑在设计师高分辨率屏幕上的显示效果，应该考虑到网页整体发展到一个高度时相应推广活动所要求的效果，使其在应用于各种媒体时，也能发挥充分的视觉效果；同时应该使用能够获得多数浏览者好感而受欢迎的造型。另外还有 Logo 在报纸、杂志等纸介质上的单色效果、反白效果，在织物上的纺织效果，在车体上的油漆效果，墙面立体造型效果等。

☆ 小技巧：面向应用对象设计网页 Logo

设计网页 Logo 时，面向应用的对象做出相应规范，对指导网页的整体建设有着极现实的意义。一般来说，需要进行规范的有 Logo 的标准色、恰当的背景配色体系、反白、清晰表现 Logo 前提下的最小显示尺寸、Logo 在一些特定条件下的配色及辅助色等。另外应该注意文字与图标边缘应该清晰，文字与图标不宜相互交叠，还可以考虑 Logo 的竖排效果以及作为背景时的排列方式等。

微视频

练一练——设计制作网页 Logo

源文件：第 2 章 \2-4-2.psd　　　　　　视频：第 2 章 \2-4-2.mp4

• 案例分析

本案例是设计制作一款网页 Logo，网页 Logo 由简单的形状和文字内容组成。Logo 的设计理念相对简洁，在制作过程中也比较容易完成。虽然 Logo 的设计思路和展示效果以简单干练为主，但并不妨碍此款 Logo 有它自己的独特性，这样的设计也更容易让浏览者记住，图 2-61 所示为网页 Logo 的图像效果。

• 制作步骤

Step01 打开 Photoshop CC 软件，单击"欢迎界面"中的"新建"按钮，弹出"新建文档"对话框，新建文档的各项参数如图 2-62 所示。设置完成后，单击"创建"按钮进入工作区。

Step02 单击工具箱中的"钢笔工具"按钮，在画布中连续单击绘制三角形，形状的颜色为 RGB（153、51、0），如图 2-63 所示。

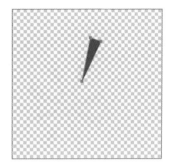

图 2-61　网页 Logo 图像效果　　　　图 2-62　新建文档　　　　图 2-63　绘制形状

☆ 提示

对于刚刚接触设计行业的读者，在绘制三角形时，可以选择使用"多边形工具"进行绘制，绘制时设置边数为 3 即可。但是"多边形工具"绘制出来的三角形一般情况下都是等边三角形，所以读者还需要使用"直接选择工具"调整三角形的某个锚点，使其与图 2-60 中的三角形相一致。

Step03 按住 Alt 键，使用"移动工具"连续复制形状，并使用组合键 Ctrl+T 为形状调出定界框，旋转每个形状的角度到合适位置，形状最终的图像效果如图 2-64 所示。

Step04 继续复制形状并调整角度，使用"直接选择工具"调整形状的大小，更改形状的颜色为 RGB（29、32、136），如图 2-65 所示。

Step05 使用"转换点工具"调整蓝色三角形的锚点方向线，完成后形状的图像效果如图 2-66 所示。使用"椭圆工具"在画布中绘制一个正圆形状，形状的图像效果如图 2-67 所示。

Step06 在"属性"面板中查看正圆形状的大小参数和颜色参数，如图 2-68 所示。使用相同方法完成其余正圆形的绘制，如图 2-69 所示。

Step07 打开"字符"面板，设置如图 2-70 所示的字符参数。使用"横排文字工具"在画布中添加文字内容，如图 2-71 所示。

图 2-64　连续复制形状

图 2-65　调整形状大小及颜色

图 2-66　调整锚点

图 2-67　创建正圆形状

图 2-68　参数展示

图 2-69　复制形状

Step08 打开"字符"面板，设置如图 2-72 所示的字符参数。单击工具箱中的"横排文字工具"按钮，在画布中单击添加文字内容，如图 2-73 所示。

图 2-70　字符参数

图 2-71　添加文字

图 2-72　字符参数

Step09 使用相同方法完成其余文字内容的制作，如图 2-74 所示。网页 Logo 的展示效果，如图 2-75 所示。

图 2-73　添加文字

图 2-74　完成绘制

图 2-75　图像效果

▶ 2.4.3　网页 Logo 的设计特点

说到 Logo 设计，就不得不谈一下传统的 Logo 设计，传统 Logo 设计，重在传达一定的形象与信息，真正吸引我们目光的不是 Logo 标志，而是其背后的图像信息。例如，对于一本时尚杂志的封面，相信很多读者首先注意到的是漂亮的女生或是炫目的服装，如果感兴趣才会进一步去了解其他相关的信息。网页 Logo 的设计与传统设计有着很多的相通性，但由于网络本身的限制以及浏览习惯的不同，它还有一些与传统 Logo 设计相异的特点。例如网页 Logo 一般要求简单配目，虽然只占方寸之地，但是除了要表达出一定的形象与信息外，还应兼顾美观与协调。

> **☆ 小技巧：Logo 的意义**
>
> 作为独特的传媒符号，Logo 一直是传播特殊信息的视觉文化语言。无论是古代繁杂的龙纹，还是现代洗练的抽象纹样、简单字标等都是在实现着标识被标识体的目的，即通过对标识的识别、区别、引发联想、增强记忆，促进被标识体与其对象的沟通与交流，从而树立并保持对被标识体的认同，达到高效提高认识度、美誉度的效果。作为网页标识的 Logo 设计，更应该遵循 CIS 的整体规律并有所突破。

在网页 Logo 设计中极为强调统一的原则，统一并不是反复运用某一种设计原理，而应该是将其他的任何设计原理，如主导性、从属性、相互关系、均衡、比例、反复、反衬、律动、对称、对比、借用、调和、变异等设计人员所熟知的各种原理，正确地应用于设计的完整表现，如图 2-76 所示。

图 2-76　网页 Logo

构成 Logo 要素的各部分一般都具有一种共通性及差异性。这个差异性又称为独特性，或叫作变化。而统一是将多样性提炼为一个主要表现体，即在设计中运用多样统一的原理。在各种要素中，有一个大小、材质、位置等具有支配作用的要素，被称为支配性要素。精确把握对象的多样统一，并突出支配性要素，是设计网页 Logo 必备的技术因素。

> **☆ 提示**
>
> 网页 Logo 所强调的辨别性及独特性要求相关图案字体的设计也要和被标识体的性质有适当的关联，并具备类似风格的造型。

网页 Logo 设计更应该注重对事物张力的把握，在浓缩了文化、背景、对象、理念及各种设计原理的基础上，实现对象的最直观的视觉效果，如图 2-77 所示。在任

何方面的张力不足的情况下，精心设计的 Logo 常会因为不被理解、不被认同、不艺术、不朴实等相互矛盾的理由而被用户拒绝或为受众排斥、遗忘。所以，恰到好处地理解用户及 Logo 的应用对象，是非常有必要的。

图 2-77　网页 Logo 的应用

2.5　网页中的导航设计

导航是网页设计中不可缺少的基础元素之一，它是网页信息结构的基础分类，也是浏览者进行信息浏览的路标。

▶ 2.5.1　网页导航概述

在网页中，导航方便浏览者在每个网页间自由来去，即引导用户在网页中到达他们想要到达的位置，这也是每个网页中都包含很多导航要素的目的。

在这些要素中有菜单按钮、移动图像和链接等各种各样的对象，一款网页包含的网页数目越多，包含的内容和信息就越复杂多样，那么网页导航要素的构成和形态是否成体系、位置是否合适将是决定该网页能否成功的重要因素。一般来说，在网站首页的顶端、左侧或右侧设置主导航是比较普遍的方式，如图 2-78 所示。

（a）　　　　　　　　　　　　　　　（b）

图 2-78　网页主导航的展示效果

一般来说，导航要素应该设计得直观而明确，并最大程度地为用户的方便考虑。网页设计师在设计网页时应该尽可能地使网页各页面间的切换更容易，查找信息更快捷，操作更简便，图 2-79 所示为设计比较优秀的网页导航栏。

（a） （b）

图 2-79 网页主导航的展示效果

2.5.2 导航菜单在网页中的位置布局

导航元素的位置不仅会影响到网页的整体视觉风格，而且关系到一个网页的品位及用户访问网页的便利性。设计师应该根据网页的整体版式合理安排导航元素的放置。

1. 导航布局在网页顶端

通常情况下，下载网页信息时都是按从上往下的顺序进行浏览。因而，设计师通常会将重要的网页信息放置于页面的顶端。

顶端导航不仅可以节省网页页面的空间，而且符合人们长期以来的视觉习惯，可以方便浏览者快速捕捉网页信息，引导用户对网页的使用。这是导航布局设计在网页顶端的立足点与最吸引用户的地方。图 2-80 所示为布局在网页顶端的导航菜单。

图 2-80 网页顶端导航

2. 导航布局在网页底部

由于受显示器大小的限制，位于页面底部的导航并不会完全地显示出来，除非用户的显示器足够大，或者网页的内容十分有限。

为了追求更加多样化的网页页面布局形式，网页设计师就采用框架的结构，将导航固定在当前显示器所显示的页面的底部。图 2-81 所示为布局在网页底部的导航菜单。

图 2-81　网页底部导航

3. 导航布局在网页左侧

在网络技术发展初期，将导航布局在网页左侧是最常用的、最大众化的网页布局结构，它占用网页左侧的空间，较符合人们的视觉流程，即自左向右的浏览习惯。

为了使网页导航更加醒目，更方便用户对页面的了解，在进行左侧导航设计时，可以采用不规则的图形对导航形态进行设计，也可以运用鲜艳而夺目的色块作为背景，这样可以与导航上的文字形成鲜明的对比。但是需要注意的是，在进行左侧导航设计时，应时刻考虑整个页面的协调性，采用不同的设计方法可以设计出不同风格的导航效果。图 2-82 所示为布局在网页左侧的导航菜单。

图 2-82　网页左侧导航

4. 导航布局在网页右侧

随着网页制作技术的不断发展，导航的放置方式越来越多样化，将导航元素放置于页面的右侧也开始流行起来。由于人们的视觉习惯都是从左至右、从上至下，因而，这种方式会对用户快速进入浏览状态有不利的影响，在网页 UI 设计中，右侧导航使用的频率较低。图 2-83 所示为布局在网页右侧的导航菜单。

5. 导航布局在网页中间

将导航布局在网页界面的中心位置，其主要目的是为了强调，而并非是节省页面空间。将导航置于用户注意力的集中区，有利于帮助用户更方便地浏览网页内容，而且可以增加页面的新颖感。图 2-84 所示为布局在网页中间的导航菜单。

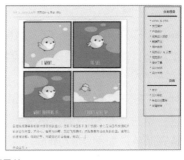

图 2-83　网页右侧导航

图 2-84　导航在网页中间

练一练——设计制作购物网页中的悬挂导航

源文件：第 2 章 \2-5-2.psd　　　　　视频：第 2 章 \2-5-2.mp4

微视频

• 案例分析

　　本案例是设计制作一款购物网页的悬挂导航，悬挂导航的设计以垂直向下拉伸为主，这样可以很好地为网页节省空间，力求为网页空出更大的空间用来展示各个产品图片，如图 2-85 所示。导航配色以蓝色和橙色为主，使用冷暖对比的配色方案，使导航看起来非常符合清凉和热卖的主题。

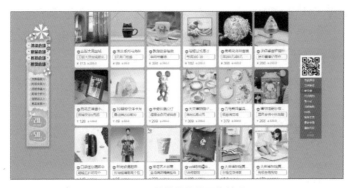

图 2-85　悬挂导航的图像效果

• 制作步骤

Step 01 打开 Photoshop CC 软件，单击"欢迎界面"中的"新建"按钮，弹出"新建文档"对话框，新建文档的各项参数如图 2-86 所示。设置完成后，单击"创建"按钮进入工作区。

Step 02 打开"图层"面板，在图层面板底部单击"创建新图层"按钮，得到新建图层。单击工具箱中的"渐变工具"按钮，设置渐变颜色值，在画布中单击并拖曳以填充颜色，如图 2-87 所示。

☆ 提示

> 设置渐变颜色值为从 RGB（207、212、218）到 RGB（237、241、243），渐变方式为线性渐变。读者使用"渐变工具"从画布的左上角拖曳至画布的右下角，可以完成线性渐变的添加。

Step 03 单击工具箱中的"矩形工具"按钮，在画布中创建一个矩形，"属性"面板中矩形的参数如图 2-88 所示。设置完成后，矩形的形状效果如图 2-89 所示。

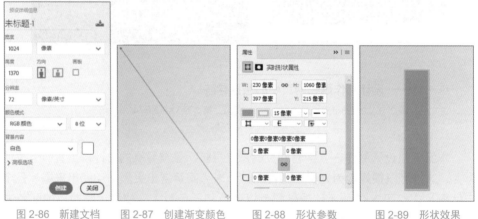

图 2-86　新建文档　　图 2-87　创建渐变颜色　　图 2-88　形状参数　　图 2-89　形状效果

Step 04 选择"路径操作"中的"合并形状"选项，绘制正圆形形状，图像效果如图 2-90 所示。保持"路径操作"为"合并形状"选项，使用"路径选择工具"并按住 Alt 键，复制形状并调整大小，如图 2-91 所示。

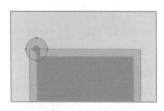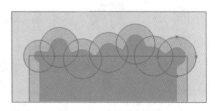

图 2-90　合并形状　　　　　　图 2-91　连续绘制形状

☆ 提示

当"路径操作"为"合并形状"选项时，读者接下来绘制的形状将和读者之前绘制出来的形状合并，并且参数共享，即填充颜色和描边颜色相一致，但是形状的大小仍然可以进行改变。

Step 05 设置完成后，形状的图像效果如图 2-92 所示。打开"图层"面板，双击图层打开"图层样式"对话框，为形状图层添加"斜面和浮雕"的图层样式，图层样式的参数如图 2-93 所示。

Step 06 继续为形状图层添加"内阴影"的图层样式，具体参数如图 2-94 所示。最后为形状图层添加"投影"的图层样式，具体参数如图 2-95 所示。

图 2-92　图像效果　　　　图 2-93　斜面和浮雕参数　　　　　图 2-94　内阴影参数

Step 07 设置完图层样式，形状的图像效果如图 2-96 所示。打开一张素材图像，将其拖曳到设计文档中。打开"图层"面板，选中图层右击，在弹出的下拉列表中选择"创建剪贴蒙版"选项，如图 2-97 所示。使用相同方法完成相似形状的绘制，如图 2-98 所示。

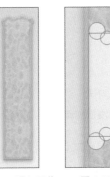

图 2-95　投影参数　　　　图 2-96　图像效果　图 2-97　添加图像　图 2-98　完成绘制

Step 08 新建一个 12×12px 的透明文档，单击工具箱中的"矩形选框工具"按钮，在工具栏中设置如图 2-99 所示的选区参数。在画布中连续创建 1×12px 和 12×1px 的选区，如图 2-100 所示。

Step 09 单击工具箱中的"油漆桶工具"按钮，并为选区添加白色的填充颜色，使用组合键 Ctrl+D 取消选区，如图 2-101 所示。执行"编辑 > 定义图案"命令，在弹出的对话框中设置如图 2-102 所示的名称。

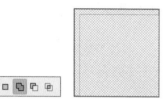

图 2-99　选区参数　图 2-100　创建选区　图 2-101　为选区填充颜色　　　　图 2-102　定义图案

☆ 提示

进入新文档后，读者可以使用"矩形选框工具"在画布中创建两条 1×16px 的选区，然后设置前景色为白色，使用"油漆桶工具"为选区填充颜色。

Step 10 设置完成后回到设计文档，为形状图层添加"图案叠加"的图层样式，如图 2-103 所示。继续为形状添加"投影"的图层样式，如图 2-104 所示。

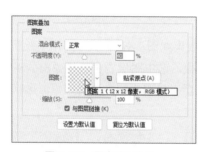

图 2-103　图案叠加参数　　　　　　　　图 2-104　投影参数

☆ 提示

进入到"图层样式"对话框中，选择"图案叠加"选项，单击"图案"选项，在弹出的下拉菜单中选择刚刚创建好的"图案 1"选项。

Step 11 图层样式设置完成后，形状的图像效果如图 2-105 所示。打开一张素材图像，将其拖曳到设计文档，如图 2-106 所示。

Step 12 为素材图像添加"投影"的图层样式，图层样式的参数如图 2-107 所示。完成后素材图像的效果如图 2-108 所示。使用相同方法完成其余素材图像的添加，如图 2-109 所示。

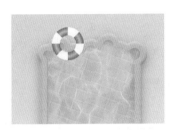

图 2-105　图像效果　　图 2-106　添加图像　　　　图 2-107　投影参数

☆ 提示

在使用相同方法将素材图像添加完后，使用"移动工具"将各个素材图像移动到图 2-107 参数所在的位置上，并打开"图层"面板，复制之前的素材图像的图层样式，将其复制到新添加的素材图像中。

Step 13 单击工具箱中的"圆角矩形工具"按钮，在画布中创建形状，"属性"面板中形状的参数如图 2-110 所示。设置完成后，形状的图像效果如图 2-111 所示。

图 2-108　图像效果　图 2-109　完成制作　　图 2-110　形状参数　　图 2-111　图像效果

Step 14 单击工具箱中的"椭圆工具"按钮，在画布中创建一个形状，连续复制两个形状并调整大小，如图 2-112 所示。打开"字符"面板，设置如图 2-113 所示的字符参数，在画布中添加 HOT 等字母。

Step 15 继续打开"字符"面板，设置如图 2-114 所示的字符参数。使用"横排文字工具"在画布中添加"清凉会场"等文字，如图 2-115 所示。

图 2-112　绘制正圆形

图 2-113　字符参数

图 2-114　字符参数

Step 16 使用相同方法完成相似模块的制作，如图 2-116 所示。打开一张素材图像，将其拖曳到设计文档中，移动到如图 2-117 所示的位置。

图 2-115　添加文字

图 2-116　完成制作

图 2-117　添加素材图像

Step 17 使用"横排文字工具"在画布中添加文字，如图 2-118 所示。使用相同方法完成相似优惠券的制作，如图 2-119 所示。制作完成后，悬挂导航的图像效果如图 2-120 所示。

图 2-118　添加文字

图 2-119　完成相似模块的制作

图 2-120　图像效果

2.6　举一反三——设计制作一款简约 Logo

微视频

源文件：第 2 章 \2-6.psd　　　　　　视频：第 2 章 \2-6.mp4

本案例是设计制作一款简约的网页 Logo，Logo 样式设计得简单明了，读者在制作时可轻松完成，但与此同时，读者也要思考，此款简约网页 Logo 的设计要点是什么？

Step 01 新建文档，调整背景色，创建一个矩形，设置矩形的填充颜色为渐变，如图 2-121 所示。

Step 02 绘制一个圆环，如图 2-122 所示。

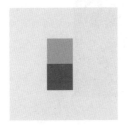

图 2-121　新建文档并创建矩形　　　　图 2-122　创建圆环

Step 03 绘制一个三角形，如图 2-123 所示。

Step 04 绘制一个自定义形状，如图 2-124 所示。

图 2-123　创建三角形　　　　图 2-124　创建自定义形状

2.7　本章小结

本章主要讲解了构成网页 UI 的基本元素，这些元素包括网页文字、网页中的图片、网页图标、网页 Logo 和网页导航等，读者应深入理解并掌握这些元素的设计要领，它们在网页中的作用各不相同，设计网页时缺一不可。

第 3 章

网页布局与版式设计

本章主要内容

网页的布局结构和版式设计在整个页面中具有很重要的作用，设计师可以根据网页的不同性质，从而规划不同的布局结构。合理的网页布局不但能够改变整个网页的视觉效果，还能够加深浏览者对网页的第一印象，使得网页的宣传力度在无形之中增强许多。

3.1　了解网页布局

网页布局结构的基础是信息结构，信息结构是指根据最普通、最常见的原则和标准对网站界面中的内容进行分类整理，确立标记体系和导航系统，实现网站内容的结构化，从而使浏览者迅速找到需要的信息。因此，信息结构是确立网页布局结构最重要的参考标准。

▶ 3.1.1　网页布局的目的

在网页布局结构中，信息结构就是在网页中如何摆放商品和商品信息，设计师可以根据不同的种类或者价位来摆放商品。好的信息结构可以帮助浏览者方便快捷地选购自己想要的商品。另外，信息结构如果具有整齐一致的特性，还能够给浏览者带来强烈的视觉冲击，激发浏览者的购买欲望，如图 3-1 所示。

该商品宣传网站的页面结构非常清晰明了，页面层次也相对简单

页面的主体内容采用了相同的表现形式，同时没有特别突出某一部分的内容，可以方便浏览者快速浏览网页

图 3-1　网页布局目的

信息结构的目的大致可以分为两类，一类是对信息进行分类，使其系统化和结构化，便于浏览者快速获得各种信息，这种分类类似于按照种类和价位来区分各种商品，如图 3-2 所示。

另一种分类是重要的信息优先提供，即按照不同的时期和重要程度来提供吸引浏览者视线的信息，从而引起符合网页目的的浏览者的关注，如图 3-3 所示。

在合理的结构布局设计过程中，使用不同的布局方式来为网页划分不同的内容区块，使网页的内容结构清晰明了

网页中图片和文字相结合的布局方式，方便浏览者快速了解页面信息

图 3-2 网页信息结构

（a）   （b）

图 3-3 网页信息分类

综上所述，信息架构是以消费者和浏览者的要求或意见为基准，搜集、整理并加工内容的阶段，它强调能够简单、明了并且有效地向浏览者传递内容、信息。

在进行信息架构时最重要的是浏览者和消费者的观点，这就要求设计者站在消费者的立场上，审视一般情况下浏览者最容易反映出的使用性，并且将其运用到设计作品中，图 3-4 所示为网站页面的布局效果。

☆ 提示

使用性是以规划好的用户界面为主，用户界面的策划是在网页布局结构的基础上进行的，网页布局结构的确立则是以信息架构为标准。

浏览者进入一个网站后，需要根据导航来寻找自己想要知道的信息，这就是站在浏览者的角度，为网页添加导航的必要性

尤其是进入了一个家居宣传网站后，设计师可以利用色彩的心理暗示和视觉效果，快速准确地向浏览者传达商品的特点

图 3-4 网页布局效果

▶ 3.1.2 网页布局的操作顺序

合理的网页布局能够规整、准确地传达网页信息，而且要按照信息的重要程度向浏览者传递有效信息。网页布局的具体内容和操作流程可以分为以下几点。

（1）整理网络用户和浏览者的观点、意见。

（2）着手分析网络用户的综合特性，划分用户类别并确定目标消费人群。

（3）确立网页创建的目的，并规划网页未来的发展方向。

（4）整理网页的内容并使其系统化，定义网页的内容结构，其中包括层次结构、超链接结构和数据库结构。

（5）搜集内容并进行分类整理，检验网页之间的连接性，也就是导航系统的功能性。

（6）确定适合内容类型的有效标记体系。

（7）不同的页面放置不同的页面元素，构建不同的内容。

3.2 常见的网页布局结构

在设计网站页面时，需要从整体上把握好各种要素的布局，只有充分地利用、有效地分割有限的页面空间，并使其布局合理，才能设计出好的网页界面。在设计网站页面时需要根据不同的网站性质和页面内容选择合适的布局结构，本节将介绍一些常见的网页布局结构。

▶ 3.2.1 "国"字型

"国"字型网页布局结构是网页上使用最多的一种结构类型，是综合性网页的常

用版式。排版规律为最上面是网页的标题以及 Banner 广告，接下来是网页的主要内容，左右各分列小条内容，一般情况下左边是主菜单，右边是友情链接等次要内容，而中间则是主要内容，最底端是网页的一些基本信息、联系方式和版权声明等。

"国"字型结构的优点是页面充实、内容丰富、信息量大；缺点是页面拥挤、不够灵活。图 3-5 所示为"国"字型网页的线框图和网页效果。

（a）   （b）

图 3-5　"国"字型网页

▶ 3.2.2　拐角型

拐角型网页布局结构，又称 T 字型网页布局结构，这种结构和上一种只是形式上的区别，其实是很相近的，就是网页上边和左右两边相结合的布局，通常右边为主要内容，比例较大。

在实际运用中还可以改变 T 字型布局的形式，如左右两栏式布局，一半是正文，另一半是图像或导航栏。这种版面的优点是页面结构清晰、主次分明，易于使用；缺点是页面呆板，如果细节上不到位，很容易使浏览者感到乏味。图 3-6 所示为拐角型网页的线框图和网页效果。

（a）   （b）

图 3-6　拐角型网页

▶ 3.2.3　标题正文型

标题正文型网页布局结构即上面是网页标题或者类似的一些内容，下面是网页正文内容。一些文章页面或者注册页面就是这种类型的网页，图 3-7 所示为标题正文型网页的线框图和网页效果。

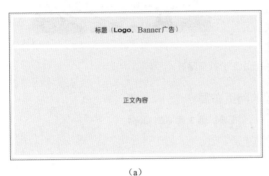

（a）　　　　　　　　　　　　　　　　　（b）

图 3-7　标题正文型网页

▶ 3.2.4　左右分割型

左右分割型网页布局结构，一般左侧为导航链接，有时最上面会有一个小的标题或标志，右侧为网页正文内容。这种类型的网页布局，结构清晰，一目了然。图 3-8 所示为左右分割型网页的线框图和网页效果。

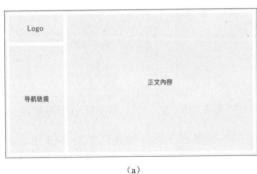

（a）　　　　　　　　　　　　　　　　　（b）

图 3-8　左右分割型网页

▶ 3.2.5　上下分割型

上下分割型网页布局结构与左右分割型的布局结构类似。这种布局结构的网页，通常上面放置的是网页的标志和导航菜单，下面放置网页的正文内容。图 3-9 所示为上下分割型网页的线框图和网页效果。

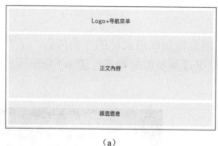 

（a）　　　　　　　　　　　　　（b）

图 3-9　上下分割型网页

微视频

练一练——设计制作上下分割型的网页布局

源文件：第 3 章 \3-2-5.psd　　　　　　　　视频：第 3 章 \3-2-5.mp4

• 案例分析

此案例的目的是设计制作一款上下分割型的网页布局，读者需要在新建的文档中添加几条横向参考线，将网页以横向分为上中下三部分，如图 3-10 所示。

• 制作步骤

Step01 执行 "文件 > 新建" 命令，新建一个空白文档，文档大小如图 3-11 所示。使用组合键 Ctrl+R 将标尺显示出来，如图 3-12 所示。

图 3-10　图像效果　　　　　图 3-11　新建文档　　　　　图 3-12　调出标尺

Step02 使用 "移动工具" 从标尺处向下拖曳出一条参考线，如图 3-13 所示。此部分网页空间将放置网页的 Logo 和导航内容。

Step03 继续使用 "移动工具" 从标尺处向下拖曳一条参考线，如图 3-14 所示。参考线上方将放置网页的 Banner 广告，参考线下方将放置网页的其他模块。两条横向参考线将网页分割成了上下分割型的网页布局。

图 3-13　添加参考线　　　　　图 3-14　继续添加参考线

▶ 3.2.6 综合型

该布局结构是将左右分割型与上下分割型相结合的网页布局结构，它是相对复杂的一种布局结构，如图 3-15 所示。

练一练——设计制作综合型网页的背景图像

源文件：第 3 章 \3-2-6.psd　　　　　视频：第 3 章 \3-2-6.mp4

微视频

• 案例分析

此案例的目的是设计制作一款综合型网页的背景图像，由于此案例只制作网页的背景图像，所以案例的制作过程比较简单。在此案例中，读者会用一张恢宏大气的高清汽车图像来作为汽车销售网页的背景，如图 3-16 所示。

图 3-15　综合型网页　　　　　　　　　　图 3-16　网页背景

• 制作步骤

Step01 执行"文件 > 新建"命令，新建一个空白文档，文档大小如图 3-17 所示。执行"文件 > 打开"命令，打开一张素材图像，将其拖曳到设计文档中，如图 3-18 所示。

图 3-17　新建文档　　　　　　图 3-18　添加素材图像

Step02 使用"矩形工具"创建一个形状，颜色填充为 RGB（49、57、64），如图 3-19 所示。打开"图层"面板，修改形状的不透明度为 18%，为其添加剪贴蒙版的效果，如图 3-20 所示。

Step 03 设置完成后，图像效果如图 3-21 所示。单击"图层"面板底部的"创建新的填充或调整图层"按钮，在弹出的下拉列表中选择"曲线"选项，在打开的"曲线"面板中设置如图 3-22 所示的参数。

图 3-19　创建形状　　　　图 3-20　"图层"面板　　　　图 3-21　图像效果

Step 04 "曲线"参数调整完成后，图像效果如图 3-23 所示。在打开的"图层"面板中，将相关图层编组，如图 3-24 所示。

图 3-22　曲线参数　　　　图 3-23　图像效果　　　　图 3-24　图层编组

▶ 3.2.7　封面型

这种类型的布局结构经常出现在一些网站的首页，大部分为一些精美的平面设计结合一些小的动画，放上几个简单的链接或者仅是一个"进入"的链接，甚至直接在首页的图片上做链接而没有任何注释。这种类型的布局结构大部分出现在企业网站和个人网站的首页中，可以给浏览者带来赏心悦目的感受，如图 3-25 所示。

图 3-25　封面型网页

3.3　网页布局形式的艺术表现

平面构成的原理已经广泛应用于不同的设计领域，网页设计领域也不例外。在设计网页时，运用平面构成原理能够使网页效果更加丰富。

▶ **3.3.1　分割构成**

在平面构成中，把整体分成部分，叫作分割。在日常生活中这种现象随处可见，如房屋的吊顶、地板都构成了分割。下面介绍几种网页中常见的分割方法。

1. 等形分割

这种分割方法要求形状完全一样，如果分割后再把分割界线加以取舍，会有良好的效果，如图 3-26 所示。

2. 自由分割

该分割方法是将画面自由随意分割，它不同于等形分割产生的整齐效果，给人活泼不受约束的感觉，如图 3-27 所示。

图 3-26　等形分割网页

图 3-27　自由分割网页

练一练——设计制作网页的分割构成

源文件：第 3 章 \3-3-1.psd　　　　视频：第 3 章 \3-3-1.mp4

微视频

• **案例分析**

此款案例是设计制作分割型网页的页面布局，网页由一张背景大图构成整体效果，页面的整体效果会被不规则形状分割，最终构成分割型的网页布局，网页的布局效果如图 3-28 所示。

图 3-28　分割型网页

• **制作步骤**

Step01 执行"文件 > 打开"命令，打开名为 3-2-6.psd 的文件。使用"移动工具"从标尺处向下或者向右拖曳，连续创建参考线，如图 3-29 所示。

Step 02 单击工具箱中的"矩形工具"按钮，在画布中使用"矩形工具"创建一个形状，填充颜色为 RGB（21、31、40），形状的图像效果如图 3-30 所示。

Step 03 按住 Shift 键，使用"直接选择工具"选择矩形形状的左下角和右下角锚点，使用方向键调整锚点的距离，如图 3-31 所示。调整完成后，修改图层的不透明度为 88%，形状的图像效果如图 3-32 所示。

图 3-29　添加参考线

图 3-30　创建形状

图 3-31　选择锚点

Step 04 使用相同方法完成相似形状的创建，如图 3-33 所示。添加一张素材图像，将其拖曳到设计文档中，如图 3-34 所示。

图 3-32　图像效果

图 3-33　创建形状

图 3-34　添加素材图像

Step 05 使用相同方法完成网页中的导航部分，如图 3-35 所示。打开"字符"面板，设置如图 3-36 所示的字符参数。

图 3-35　完成导航部分

图 3-36　设置字符参数

Step 06 使用"横排文字工具"添加文字内容，具体的文字内容如图 3-37 所示。使用相同方法完成其他文字的输入和图形的绘制，最终效果如图 3-38 所示。

Step 07 添加一张素材图像，将其拖曳到设计文档中，为素材图像添加剪贴蒙版的效果，如图 3-39 所示。单击"创建新的填充或调整图层"按钮，在弹出的下拉列表中选择"曲线"选项，设置如图 3-40 所示的参数。

图 3-37　添加文字内容　　　　图 3-38　完成相似模块的制作　　　图 3-39　添加素材图像

Step 08 单击"创建新的填充或调整图层"按钮，在弹出的下拉列表中选择"色彩平衡"选项，设置如图 3-41 所示的参数。设置完成后，素材图像的图像效果如图 3-42 所示。

图 3-40　曲线参数　　　　图 3-41　色彩平衡参数　　　　图 3-42　图像效果

Step 09 使用相同方法完成模块中其余内容的制作，继续完成"切换"和"版底信息"等模块的制作，如图 3-43 所示。

▶ **3.3.2　对称构成**

对称具有较强的秩序感，可仅仅局限于上

图 3-43　网页完整的图像效果

下、左右或者反射等几种对称形式，便会使人产生单调乏味的印象。所以，在设计时要在几种基本形式的基础上灵活加以应用。下面介绍几种网页中常见的对称方法。

1. 左右对称

左右对称是平面构成中最为常见的对称方式，该方式能够将对立的元素平衡地放置在同一个平面中。图 3-44 所示为某网站的首页，该页面采用左右对称结构，给人很强的视觉冲击。

2. 回转对称

回转对称给人一种对称平衡的感觉，使用该方式布局网页，打破导航菜单单一的长条制作方法，从美学角度平衡了整个页面，如图 3-45 所示。

图 3-44 网页中的左右对称

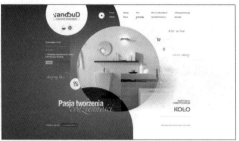

图 3-45 网页中的回转对称

回转是指在反射或移动的基础上，将基本形体进行一定角度的转动。这种构成形式主要表现为垂直与倾斜或水平的对比，但效果上要适度平衡。

3.3.3 平衡构成

在造型的时候，平衡的感觉是非常重要的，由于平衡造成的视觉满足，使人们能够在浏览网页时产生一种安稳的感受。平衡构成一般分为两种：一种是对称平衡，以中轴线为中心左右对称的形状；另一种是非对称平衡，虽然没有中轴线，却有很端正的平衡美感。

1. 对称平衡

对称是最常见、最自然的平衡手段。在网页中局部或者整体采用对称平衡的方式进行布局，能够得到视觉上的平衡效果。图 3-46 所示就是在网页的中间区域采用了对称平衡构成，使网页保持了平稳的效果。

2. 非对称平衡

非对称其实并不是真正的"不对称"，而是一种层次更高的"对称"，如果把握不好，页面就会显得很乱，因此使用起来要慎重。如图 3-47 所示，左上角和右下角不同颜色的矩形非对称设计，形成非对称平衡结构。

图 3-46 网页中的对称平衡

图 3-47 网页中的非对称平衡

练一练——设计上下分割型网页的 Logo 和网页导航

源文件：第 3 章 \3-3-3.psd　　　　　视频：第 3 章 \3-3-3.mp4

微视频

•案例分析

此案例的目的是设计制作上下分割型网页的 Logo 和网页导航，因为网页的布局结构为上下分割型，所以设计师将网页 Logo 和导航、网页 Banner 广告放在网页的顶部栏和中部栏，如图 3-48 所示。

图 3-48　部分网页内容

•制作步骤

Step01 执行"文件 > 打开"命令，打开名为 3-2-5.psd 的文件。执行"文件 > 打开"命令，添加一张素材图像，将其拖曳到设计文档中，调整为如图 3-49 所示的大小。

Step02 使用"矩形工具"创建一个细长条的形状，使用"横排文字工具"添加文字内容，完成的网页 Logo 如图 3-50 所示。

图 3-49　添加素材图像　　　　图 3-50　完成网页 Logo

Step03 使用"横排文字工具"在画布中连续添加文字内容，如图 3-51 所示。连续打开 6 张素材图像，分别将其拖曳到设计文档中，放置到相应的位置，如图 3-52 所示。

图 3-51　添加文字内容

图 3-52　添加素材图像

Step04 使用"矩形工具"创建一个矩形形状，如图 3-53 所示。

图 3-53　添加矩形形状

Step 05 将文字颜色修改为白色，效果如图 3-54 所示。使用白色的图标替换现有图标，替换效果如图 3-55 所示。

图 3-54　修改文字颜色

图 3-55　添加素材图像

Step 06 使用"矩形工具"创建一个颜色任意的矩形形状，如图 3-56 所示。执行"文件＞打开"命令，打开一张素材图像，将其拖曳到设计文档中，为素材图像添加剪贴蒙版的效果，如图 3-57 所示。

图 3-56　创建矩形

图 3-57　添加素材图像

Step 07 打开"字符"面板，设置如图 3-58 所示的字符参数。使用"横排文字工具"在画布中添加文字内容，使用"矩形工具"在画布中创建一个细长的形状，如图 3-59 所示。

Step 08 使用"自定选择工具"在画布中创建形状，使用"直接选择工具"选择相应的锚点进行调整，如图 3-60 所示。

Step 09 按住 Alt 键，使用"移动工具"向左拖曳复制形状，使用组合键 Ctrl+T 对形状进行水平翻转，如图 3-61 所示。

图 3-58　字符参数

图 3-59　添加文字和创建形状

图 3-60　创建形状

图 3-61　复制形状

☆ 小技巧：步骤解析

案例中的第 8 步，具体的操作过程为使用"自定选择工具"，在"形状"选项的下拉列表中选择"箭头 2"形状，如图 3-62 所示。然后在画布中拖曳绘制白色的形状，如图 3-63 所示。使用"直接选择工具"选择形状前面的 3 个锚点，使用方向键将锚点向右移动，使形状变窄，如图 3-64 所示。

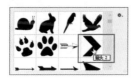

图 3-62　绘制形状

图 3-63　绘制形状

图 3-64　选择锚点并调整

Step 10 使用"椭圆工具"在画布中连续创建 2 个正圆形，如图 3-65 所示。完成创建后，网页的 Logo、导航和 Banner 广告完成制作，如图 3-66 所示。

图 3-65　创建形状

图 3-66　完成部分网页制作

3.4 网页留白设计的 8 个关键点

优秀的留白设计能够在网页的简约风格和功能的可用性之间达到平衡，而要做到这一点，需要设计师拥有大量的实践和积累。下面是一些经过总结和提炼的关于使用留白的关键点。

1. 留白设计可以是任意色

留白的另一个名称是"负空间"，因为留白的核心作用是它的空间感和视觉焦点之间形成的对比。也就是说，留白设计的颜色使用不是必须使用白色，它可以是任意颜色，如图 3-67 所示。

2. 仅保留必需的 UI 元素

不同的 UI 元素有不同的功能，网页中 UI 元素越多，设计师需要处理的信息层级越复杂；需要划分的优先级和留白方式也越复杂。仅保留必需的 UI 元素会让网页 UI 保持整洁，也让留白更加有力，如图 3-68 所示。

图 3-67　留白的颜色

图 3-68　保留必需的 UI 元素

3. 保证视觉焦点只有一个

当网页中的视觉焦点只有一个时，留白的效能将最大化，也让用户以最低的成本获取到网页所要传达的信息。大量的留白还可以营造层次感，让网页内容形成主次差异，如图 3-69 所示。

4. 留白要有疏密感和节奏感

并不是每款极简化风格网页都使用极简的方式来展示页面，有的网页也会包含多个平级的视觉对象。这时设计师就需要控制网页的整体排版布局，通过合理的留白疏密控制，营造均匀优雅的用户体验，如图 3-70 所示。

5. 图片比文字更具优势

在视觉体验中，相较于文本内容，图片显然更加吸引浏览者的目光，也更容易让浏览者注意到。如果想要让视觉主体为文本内容的话，应尽量避免在文本内容周围放置图片类的视觉元素，如图 3-71 所示。

图 3-69　一个视觉焦点　　　　　　　图 3-70　节奏感和疏密感

6. 文案需得直接和简洁

若非必要，最好不要在展示性网页中使用大段的文本，同时文案也要简明扼要，这样在足够的留白衬托下，会显得更加有力量，如图 3-72 所示。

图 3-71　图片更具优势　　　　　　　图 3-72　简洁直接的文案

7. 控制文本的易读性

在包含大段文本的网页当中，文本的字间距和行间距也算留白。为了文本的可读性，设置行间距为行的 120% ~ 150%，这样的距离会让浏览者觉得舒适易读，如图 3-73 所示。

8. 控制留白量和品质感

一般来说，在展示性的网页中，留白量和视觉上所传达出来的品质感有一定的关联。拥有精致美观的视觉焦点元素和留白量更大的网页，会显得更加优雅和富有品质感，如图 3-74 所示。

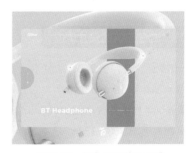

图 3-73　文本的易读性　　　　　　　图 3-74　保留页面的品质感

3.5 移动端网页元素设计

当下的移动操作系统的大部分市场份额被 Android 和 iOS 占据,在如此强大的市场占有率下,本节的内容遵从市场规律,来为读者介绍 iOS 和 Android 两大系统的网页 UI 元素设计。

▶ 3.5.1 界面尺寸

如今市场上的手机机型相比之前,虽然已经规整了许多,但不管是 iOS 系统还是 Android 系统的主流机型都不止一种,导致它们的屏幕尺寸和分辨率也各不相同。那么,一个网页 UI 设计师想要做一款出色的移动端网页界面,该以哪种屏幕尺寸为标准呢?

1. iOS 系统的界面尺寸

市场上 iOS 系统的手机机型不止一种,为了方便上下适配这些机型,设计师通常以 iPhone 6 的屏幕尺寸为标准去设计移动端网页 UI。当设计稿完成后,采用输出 @1x、@1.5x、@2x 和 @3x 图来适配不同机型,如图 3-75 所示。

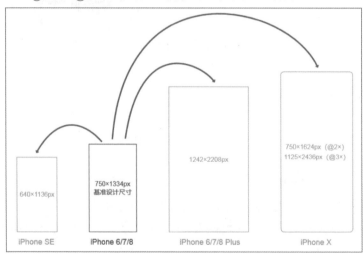

图 3-75　界面尺寸

☆ 小技巧: iOS 系统的尺寸单位

在 iOS 系统中,设计师使用 px 和 pt 作为长度单位和字体单位。

px: 全拼为 pixel,翻译为像素点。它有两个含义,一是组成电子屏幕中图像的基本单位,描述屏幕分辨率时使用该单位;二是 iOS 开发时使用的长度单位,1px 代表一个像素,例如 iPhone 8 的尺寸为 750×1334px,表示在该手机屏幕上,水平方向每行有 750 个像素点,垂直方向每列有 1334 个像素点。

pt：全拼为 point，翻译为磅。它有两个含义：一是印刷行业的常用单位，也是一个标准的长度单位，它当作长度单位使用时是绝对大小，1pt=1/72 英寸 =0.35mm ；二是 iOS 开发时使用的字体单位，当设计师以 1 倍尺寸进行设计 (375×667px) 并给出标注稿时，开发人员无须除以 2 便可直接使用。

2. Android 系统的界面尺寸

目前制作 Android 系统的网页 UI 时一般采用 1080×1920px 尺寸，因为它是现在的主流尺寸，方便适配，图 3-76 所示为主流设备的设计尺寸。

> ☆ 提示
>
> 以 1080×1920px 作为设计稿标准尺寸，是因为从中间尺寸向上和向下适配的时候界面调整的幅度最小，最方便适配。所以用主流尺寸 1080×1920px 来作为设计稿尺寸，极大地提高了视觉还原以便与其他机型适配。

图 3-76　Android 系统主流尺寸

> ☆ 小技巧：Android 系统的尺寸单位
>
> 谷歌为了方便计算，为 Android 系统独立开发了相应的单位，包括了长度单位 dp 和字体单位 sp。
> dp 即 dip，全拼为 Density-independent pixel，是安卓开发用的长度单位。dp 会随着不同屏幕而改变控件长度的像素数量。1dp 表示在屏幕像素点密度为 160ppi 时的 1px。
> sp 是字体单位，sp 与 dp 类似，可以根据用户的字体大小首选项进行缩放。一般情况下可认为 sp=dp。

▶ 3.5.2　组件尺寸规范

为了更好地设计移动端 APP 页面，读者除了需要了解移动端 APP 中的界面尺寸和尺寸单位的设计规范以外，还需要对移动端 APP 界面中各个组件的尺寸知之甚详。接下来为读者介绍 iOS 和 Android 两大系统中各个组件的尺寸规范。

1. iOS 系统的组件尺寸规范

在了解 iOS 系统界面的基本尺寸后，接下来对界面中的其他组成部分进行学习。在 iOS 系统界面中，界面按照功能的不同被划分成几部分，分别是状态栏、导航栏、标签栏和内容区域，如图 3-77 所示。

设计 iOS 系统界面时，界面中各个栏高的尺寸如图 3-78 所示。由于设计稿后期要适配不同机型，因此在设计界面时，设计师必须严格按照规定尺寸进行设计，否则后期会出现适配错误的情况。

2. Android 系统的组件尺寸规范

Android 系统界面组件由状态栏、导航栏、内容区域和标签栏组成。图 3-79 所示的 Android 系统 UI，它的设计尺寸为 1080×1920px，而读者需要学习的组件尺寸等内容，图中也已清楚地标出。

 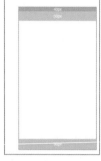 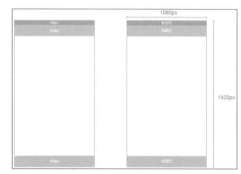

图 3-77　界面各栏分布　　图 3-78　界面各栏高度　　　　图 3-79　界面各栏高度

▶ 3.5.3　移动端网页的边距设计

为了获得更符合用户浏览要求的界面，除了使用正确的界面尺寸外，还要对界面中的边距和界面中元素间的间距进行设置，以保证在有限的页面空间里，获得最好的用户体验效果。

在移动端页面的设计中，页面中边距和元素间距的设计是非常重要的，一个页面是否美观、简洁，是否通透，和边距与间距的设计紧密相连。

1. 全局边距

全局边距是指页面内容到屏幕边缘的距离，整个应用的界面都应该以此来进行规范，以达到页面整体视觉效果的统一。全局边距的设置可以更好地引导用户垂直向下阅读，如图 3-80 所示。

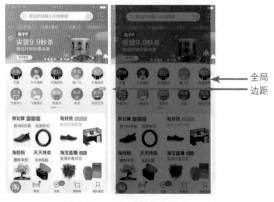

图 3-80　界面中的全局边距

在实际应用中应该根据不同的产品气质采用不同的边距，让边距成为 iOS 系统 UI 设计的一种语言。iOS 系统界面中常用的全局边距有 32px、30px、24px 和 20px 等，当然除了这些，还有更大或者更小的边距，而且需要注意的是，边距数值必须是双数。

　　iOS 系统的"设置"界面和"通用"界面的左右边距都是 30px，如图 3-81 所示。Android 系统的网易 UI，它的边距与原生的"设置"界面有所不同，它的全局边距是 24px，图 3-82 所示为网易界面的边距示意图。

图 3-81　设置界面全局边距为 30px　　　　图 3-82　网易界面全局边距为 24px

还有一种方式是不留边距，这种方式通常被应用在卡片式布局中的图片通栏显示，这种图片通栏显示的设置方式，更容易让用户将注意力集中到每个图文的内容本身，其视觉流在向下浏览时因为没有留白的引导被图片直接分割，可以让用户的视线在图片上停留更长时间。

2. 卡片间距

　　在移动端 UI 设计中，卡片式布局是非常常见的布局方式。界面中卡片和卡片之间的距离，需要根据界面的风格以及卡片承载信息的多少来决定。

　　过小的间距会造成用户的紧张情绪，所以卡片间距通常最小不低于 16px。使用最多的间距是 20px、24px、30px、40px，如图 3-83 所示。当然间距也不宜过大，过大的间距会使界面变得松散。间距的颜色设置可以与分割线一致，也可以深一些或浅一些。

　　卡片间距的设置是灵活多变的，一定要根据产品的气质和实际需求去设置。设计师平时也可以截图测量一下各类 APP 的卡片间距，通过对同类 APP 的归纳总结，得出各类 APP 的最佳卡片间距，运用在设计工作中。

3. 内容间距

　　一款 APP 界面除了状态栏、导航栏、标签栏和控件 icon 之外，界面的其余部分就是内容区域了。内容区域的占有面积较大，怎样才能合理布局内容区域中的内容信息，成为设计师必须思考的问题。实际上，设置合适的间距可以很好地解决这个问题。

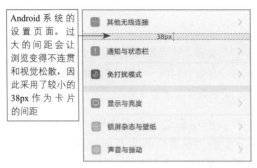

Android 系统的设置页面。过大的间距会让浏览变得不连贯和视觉松散，因此采用了较小的 38px 作为卡片的间距

iOS 系统的设置页面不需要承载太多的信息，因此采用了较大的 70px 作为卡片间距，有利于减轻用户的阅读负担

（a）Android 系统界面卡片间距　　　　（b）iOS 系统界面卡片间距

图 3-83　卡片间距

在 UI 中设计内容布局时，一定要重视邻近性原则的运用。例如在芒果 TV APP 的"我的"界面中，每一个应用名称与其他图标的距离都相对较远，且与对应的图标距离较近，这样的间距使得每一个图标和它的应用名称，都保持相对亲密的关系，在视觉感受上也让用户的浏览变得更加直观，如图 3-84 所示。

反之，如果应用名称与左右图标间距相同或者应用名称离图标较远，这样的话在视觉体验上，用户就分不出它是属于上面还是下面的图标，从而让用户产生错乱的感觉，如图 3-85 所示。

图 3-84　保持亲密性　　　　　　　图 3-85　视觉混乱

4. 格式塔邻近性

格式塔邻近性原则认为：单个元素之间的相对距离，会影响人感知它的区域划分。意思就是相对距离较短的元素看起来属于一组，而距离较远的元素则自动划分到组外，即相对距离近的元素关系更加紧密。如图 3-86 所示，左图中圆与圆之间的左右间距比上下间距小，那么，我们看到了 4 行圆点；同理，右图则可被看成 4 列圆点。

图 3-87 所示的芒果 TV 首页界面中，每一个图片都配有相应的文字介绍，这个文字介绍和图片是一个整体，所以图片与文字之间的间距较小，而不对应的图片与文字之间的间距则较大。

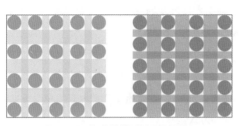

图 3-86　格式塔邻近性原则示例　　　　　图 3-87　运用格式塔邻近性原则

3.6　移动端网页的布局设计

在 APP 界面设计中，内容的布局形式多种多样，比较常见的布局方式有列表式布局、陈列馆式布局、宫格式布局和卡片式布局。

▶ 3.6.1　列表式布局

由于列表是一种非常容易理解的展示形式，所以列表式布局方式非常普遍。随便打开一个 APP，基本都存在这种布局方式，其布局形式的特点在于能够在较小的屏幕中显示多条信息，用户通过上下滑动的手势能获得大量的信息反馈。图 3-88 所示为两款采用了列表式布局的页面。

图 3-88　列表式布局网页

☆ 小技巧：列表式布局的优势和局限性

优势：列表式布局层次展示清晰明了，视线流从上到下，浏览体验快捷，可展示内容较长的菜单或拥有次级文字内容的标题。

局限性：这种布局方式灵活度不高，同级内容过多时，用户浏览容易产生视觉疲劳，只能通过排列顺序、颜色来区分各个入口的重要程度。

☆ 提示

采用列表式布局形式时，列表舒适体验的最小高度是 80px，最大的高度视内容的多少而定。也就是说在移动端 UI 设计中，列表的高度要大于 80px。

微视频

练一练——设计列表式 APP 的页面布局

源文件：第 3 章 \3-6-1.psd　　　　　　　视频：第 3 章 \3-6-1.mp4

• 案例分析

此案例的目的是设计制作一款列表式 APP 网页的页面布局，APP 网页由三部分组成，分别是网页状态栏、网页导航栏和网页内容区域。内容区域又由头像模块和列表模块组成，如图 3-89 所示。

• 制作步骤

Step 01 执行"文件 > 新建"命令，新建一个空白文档，文档各项参数如图 3-90 所示。根据 iOS 系统的组件尺寸规范，使用"移动工具"从标尺处向下或者向右拖曳连续创建参考线，如图 3-91 所示。

图 3-89　图像效果　　　　　　　　　　　　　　图 3-90　新建文档

Step 02 使用"移动工具"从标尺处向下或者向右拖曳参考线，如图 3-92 所示。继续使用"移动工具"从标尺处向下或者向右拖曳参考线，如图 3-93 所示。这时拖曳的参考线间隔相等，是之后摆放列表的页面空间。

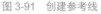

图 3-91 创建参考线　　　图 3-92 创建参考线　　　图 3-93 连续创建参考线

Step 03 使用"矩形工具"创建一个宽为 750px 的形状，如图 3-94 所示。使用"添加锚点工具"在形状下边路径上添加两个锚点，如图 3-95 所示。

Step 04 使用"转换点工具"分别对新添加的两个锚点进行调整，如图 3-96 所示。打开"图层"面板，修改不透明度为 50%，如图 3-97 所示。

图 3-94 新建文档　　　图 3-95 创建参考线　　　图 3-96 新建文档

Step 05 使用相同方法完成相似内容的制作，如图 3-98 所示。打开一张素材图像，拖曳到设计文档中，如图 3-99 所示。

图 3-97 创建参考线　　　图 3-98 完成相似内容　　　图 3-99 添加素材图像

Step 06 使用"圆角矩形工具"创建一个圆角矩形，如图 3-100 所示。修改"操作路径"为"合并形状"选项，继续连续创建两个圆角矩形，如图 3-101 所示。

图 3-100 创建圆角矩形　　　　图 3-101 连续创建圆角矩形

Step 07 使用"椭圆工具"创建一个 140×140px 的白色正圆形，为正圆形设置 4px 的白色描边，如图 3-102 所示。打开一张素材图像，将其拖曳到设计文档中，为

其调整大小并添加剪贴蒙版，如图 3-103 所示。

Step08 使用相同方法完成"头像"模块中的其余内容，如图 3-104 所示。继续使用相同的方法完成相似内容的制作，如图 3-105 所示。

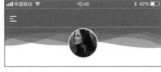

图 3-102 创建正圆形　　　图 3-103 添加素材图像　　　图 3-104 完成"头像"模块

Step09 打开一张素材图像，将其拖曳到设计文档中，如图 3-106 所示。使用"横排文字工具"在画布中添加文字内容，如图 3-107 所示。

图 3-105 完成相似内容　　　图 3-106 添加素材图像　　　图 3-107 添加文字内容

Step10 添加的文字内容，字符参数如图 3-108 所示。单击工具箱中的"矩形工具"按钮，在画布中创建形状，如图 3-109 所示。使用相同方法完成其余列表内容的制作，如图 3-110 所示。

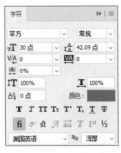

图 3-108 字符参数　　　　　图 3-109 创建线条　　　　　图 3-110 完成页面

▶ 3.6.2 陈列馆式布局

陈列馆式布局比较灵活，既可以平均分布这些网格，也可根据内容的重要性做不规则分布。这种布局方式可以直观展示产品的各项内容，便于浏览者快速便捷地操作。图 3-111 所示为两款采用了陈列馆式布局的页面。

陈列式布局可以根据网页产品信息的宣传方向灵活改变，添加或者减少也更加随意，具有很强的流动性

去哪儿旅行 APP "我的"界面中，采用了陈列式布局，便于浏览者快速找到自己感兴趣额的内容

图 3-111　陈列馆式布局网页

☆ 小技巧：陈列馆式布局的优势和局限性

优势：在同样高度的范围内可放置更多的菜单，流动性强，能够直观展现各项内容，方便浏览者浏览经常更新的内容。

局限性：陈列馆式布局不适合展示顶层入口框架，而且当界面内容过多时，会显得很杂乱，给浏览者一种眼花缭乱的感觉。

练一练——设计陈列馆式 APP 的页面布局

源文件：第 3 章 \3-6-2.psd　　　　视频：第 3 章 \3-6-2.mp4

微视频

• 案例分析

此案例的目的是设计制作一款陈列馆式 APP 网页的页面布局，读者需要制作

APP 页面中的状态栏、导航栏、Banner 广告和陈列馆式图标模块等内容，图 3-112 所示为 APP 页面的部分图像效果。

图 3-112　粉红 APP 页面的图像效果

• 制作步骤

Step01 执行"文件 > 新建"命令，新建一个空白文档，文档大小如图 3-113 所示。根据 Android 系统的组件尺寸和全局边距规范，使用"移动工具"从标尺处向下或向右连续创建参考线，参考线创建完成后如图 3-114 所示。

Step02 根据 APP 网页采用的陈列馆式布局，继续使用"移动工具"从标尺处连续创建参考线，创建的参考线内容如图 3-115 所示。

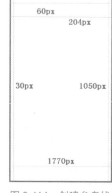

图 3-113　新建文档　　　图 3-114　创建参考线　　　图 3-115　规划网页布局

Step03 使用"矩形工具"创建一个 1080×360px 的矩形，单击工具栏中的"填充"按钮，设置如图 3-116 所示的渐变颜色。形状的填充颜色设置完成后，图像效果如图 3-117 所示。

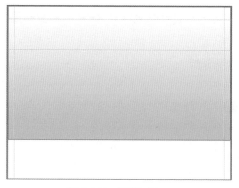

图 3-116　渐变填充　　　　　　图 3-117　图像效果

Step04 打开一张名为 36201.png 的素材图像，将其拖曳到设计文档中，为其添加剪贴蒙版命令，图像效果如图 3-118 所示。继续打开一张名为 36202.png 的素材图像，将其拖曳到设计文档中，为其添加"描边"的图层样式，图层样式的参数如图 3-119 所示。

Step 05 继续添加"投影"的图层样式，图层样式的参数如图 3-120 所示。图层样式设置完成后，素材文字的图像效果如图 3-121 所示。

图 3-118　图像效果　　　　图 3-119　描边图层样式的参数　　　　图 3-120　投影图层样式的参数

Step 06 使用相同方法完成相似图像打开与移动，图像效果如图 3-122 所示。使用"椭圆工具"创建一个 14×14px 的形状，形状的图像效果如图 3-123 所示。

图 3-121　图像效果　　　　图 3-122　连续添加素材图像　　　　图 3-123　图像效果

Step 07 使用"矩形工具"创建一个 1×232px 的细线条，形状的填充颜色为 RGB（222、57、73），图像效果如图 3-124 所示。使用相同方法制作页面中相似的内容，如图 3-125 所示。

Step 08 打开一张名为 32607.png 的素材图像，将其拖曳到设计文档中，如图 3-126 所示。打开"字符"面板，设置相关的字符参数，使用"横排文字工具"在画布中添加文字内容，如图 3-127 所示。

图 3-124　创建细线条　　　　图 3-125　制作相似内容　　　　图 3-126　添加素材图像

Step 09 使用相同方法完成页面中的相似内容，如图 3-128 所示。完成后，APP 页面的 Banner 广告和分类入口已完成，图像效果如图 3-129 所示。

图 3-127　设置字符参数并添加文字内容　　图 3-128　分类入口模块图像效果　　图 3-129　图像效果

▶ 3.6.3　宫格式布局

宫格式布局与陈列馆式布局相似，只是宫格式布局通常采用一行三列的布局方式。这种布局方式非常有利于内容区域随手机屏幕分辨率不同而自动伸展宽高，方便适配所有的智能终端设备，同时也是 iOS 和 Android 开发人员比较容易编写的一种布局方式，图 3-130 所示为"天天 P 图"APP 的首页。

"天天 P 图"APP
的首页。使用了
宫格式布局，使
得各个功能入口
并然有序且间隔
合理

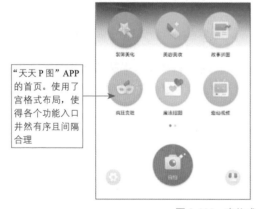

图 3-130　宫格式布局网页

☆ 小技巧：宫格式布局的优势和局限性

优势：宫格式布局是目前最常见的一种布局方式，也是符合用户习惯和黄金比例的设计方式。这种信息内容展示方式简单明了，能够清晰展现各入口，方便用户快速查询。

局限性：宫格式布局菜单之间的跳转要回到初始点，容易形成更深路径，不能显示太多入口次级内容。

◉ 3.6.4　卡片式布局

　　卡片式布局形式非常灵活。每张卡片的内容和形式都可以相互独立，互不干扰，可以在同一个页面中出现不同的卡片，承载不同的内容。由于每张卡片都是独立存在的，所以其信息量可以比列表式布局更加丰富，图 3-131 所示为一款采用了卡片式布局的 APP 页面。

　　除了常见的卡片式布局方式外，还有一种布局方式为双栏卡片式布局。这种布局比较常见于以图片信息为主导的 APP。

　　例如一些商城的商品陈列页面。这种形式与通栏卡片式布局类似，但它能在一屏里显示更多的内容。图 3-132 所示为哔哩哔哩 APP 的首页，此页面采用了双栏卡片式的布局方式。

在卡片式布局的界面中，导航一直存在，具有选中状态，用户向左或向右滑动，可快速切换另一个导航

网页显示为双栏卡片式布局。这种布局既节省了空间，又使得用户可以获得更多的页面信息

图 3-131　卡片式布局网页　　　　图 3-132　双栏卡片式布局

☆ 小技巧：卡片式布局的优势和局限性

优势：卡片式布局能够直接展示页面中最重要的内容信息，分类位置固定，清楚当前所在入口位置，减少页面跳转层级，使浏览者轻松在各入口间频繁跳转。

局限性：当页面中入口功能过多时，卡片式布局显得笨重且不实用。

3.7　举一反三——设计一款三栏式布局网页

源文件：第 3 章 \3-7.psd　　　　　　视频：第 3 章 \3-7.mp4

微视频

本案例是设计制作一款三栏式布局的网页，网页的制作过程较为简单，所以读

者在制作时可轻松完成，但与此同时，读者也要思考，三栏式的网页布局可以为网页带来哪些便利？

Step 01 新建文档，添加两条参考线。将网页分为三栏式布局，如图 3-133 所示。

Step 02 添加一张素材图像当作背景，如图 3-134 所示。

图 3-133　新建文档并添加参考线

图 3-134　添加素材

Step 03 使用"横排文字工具"和"矩形工具"制作网页导航，如图 3-135 所示。

Step 04 完成 4 个链接入口，如图 3-136 所示。

图 3-135　绘制网页导航

图 3-136　完成 4 个链接入口

3.8　本章小结

　　本章主要讲解一些网页版式和布局方面的技巧，包括网页布局、常见的网页布局方式、网页布局的艺术表现、网页留白设计的 8 个关键点、移动端网页元素设计和移动端网页的布局设计等内容。希望通过对本章内容的学习，读者可以对网页的布局设计有进一步的了解，并能够将所学运用到日后的工作中。

第4章

配色设计在网页中的作用

本章主要内容

一款网页给浏览者留下的第一印象，既不是丰富的网页内容，也不是合理的网页布局，而是网页中五彩缤纷的配色设计。其实，网页设计也是平面设计的一种，而对于平面设计来说，配色设计是非常重要的，同时色彩也很容易给浏览者留下深刻的印象，因此，在设计制作网页时，必须高度重视网页的配色设计。

4.1 理解色彩

在网页 UI 设计中，很多人热衷于追求最新的技术、炫目的特效，而忽视了网页 UI 设计最本质的基础知识。本节将向读者介绍有关色彩属性以及色彩搭配的基本原理等相关知识，帮助读者重新审视色彩的属性，从而提高在具体网页 UI 设计中的色彩表现力。

▶ 4.1.1 色彩属性

在运用和使用色彩前，必须掌握色彩的原色和组成要素，但最主要的还是对属性的掌握。自然界中的色彩都是通过光谱七色光产生的，因此，色相能够来表现红、蓝、绿等色彩；可以通过明度表现色彩的明亮度；通过纯度来表现色彩的鲜艳程度。

1. 色相

色相是色彩的一种属性，指色彩的相貌，准确地说是按照波长来划分色光的相貌，图 4-1 所示为色相排列顺序。

图 4-1　色相的排列顺序

在可见光谱中，人的视觉能够感受到红、橙、黄、绿、青、蓝、紫等不同特征的色彩。色相环中存在数万种色彩，如图 4-2 所示。

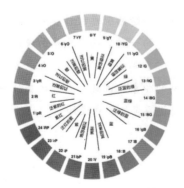

色相环是指一种圆形排列的色相光谱，它的色彩顺序按照光谱在自然中出现的顺序来排列。暖色位于包含红色和黄色的半圆之中，冷色则位于包含绿色和紫色的半圆之中。两种互补色出现在彼此相对的位置上

图 4-2　色相环

原色是最原始的色彩，按照一定的颜色比例进行配色，能够产生多种颜色。根据色彩的混合模式不同，原色也有区别。屏幕显示使用光学中的红、绿、蓝作为原色；而印刷使用红、黄、蓝作为原色。

对任意一种邻近的原色进行混合，得到一种新的颜色，即为次生色。

三次色是由原色和次生色混合而成的颜色，在色环中处于原色和次生色之间。

2. 明度

所谓明度指的是色彩光亮的程度，所有颜色都有不同的光亮，亮色就称其"明度高"，反之，则称其"明度低"。在无彩色中，明度最高的是白色，中间是灰色，明度最低的是黑色，图 4-3 所示为 6 种色彩明度的递增变化。

3. 纯度

纯度是指色彩的饱和度，也称为色彩的纯净程度或色彩的鲜艳度。原色的纯度最高，与其他色彩混合后，纯度降低。尤其是与白色、灰色、黑色、补色混合，纯度明显降低。越是纯度高的色彩，越容易留下残留影像，也越容易被记住，图 4-4 所示为纯度阶段图。

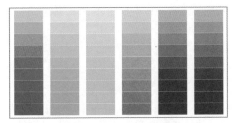 

图 4-3　色彩明度的递增变化　　　　图 4-4　纯度阶段图

4. 可视性

色彩的可视性是指色彩在多长距离范围内能够看清楚的程度，以及在多长时间内能够被辨识的程度。对于色彩的纯度而言，纯度越高，可视性也越高。对于色彩对比度而言，对比度越大，可视性越高。

▶ 4.1.2　颜色模式

颜色模式指的是某个三维颜色空间中的一个可见光子集，它包含某个色彩域的所有色彩。一般而言，任何一个色彩域都只是可见光的子集，同时任何一个颜色模式都无法包含所有的可见光。

常见的颜色模式有 RGB、CMYK、HSB、Lab 和灰度模式等，而设计工作中最常用的颜色模式为 RGB 模式和 CMYK 模式。

1. RGB 模式

显示器的颜色属于光源色。在显示器屏幕内侧均匀分布着红色（Red）、绿色（Green）和蓝色（Blue）的荧光粒子，接通电源后显示器发光并显示出不同的颜色。图 4-5 所示为 RGB 模式的网页图像显示。

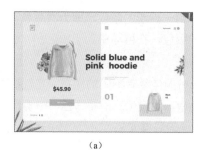
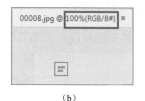

<p align="center">（a）　　　　　　　　　　　　（b）</p>

<p align="center">图 4-5　RGB 模式的网页</p>

　　显示器的颜色是通过光源三原色的混合显示出来的，根据 3 种颜色内含能量的不同，显示器可以显示出 1600 万种颜色。也就是说，显示器的所有颜色都是通过红色（Red）、绿色（Green）和蓝色（Blue）三原色的混合来显示的，将显示器的这种颜色显示方式统称为 RGB 色系或 RGB 颜色空间，图 4-6 所示为三原色的加法混合。

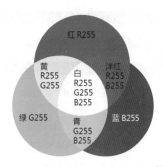

当三原色的能量都处于最大值（纯色）时，混合而成的颜色为纯白色。通过适当调整三原色的能量值（亮度与对比度），能够得到其他色调的颜色。
红色（Red）＋绿色（Green）＝黄色（Yellow）
绿色（Green）＋蓝色（Blue）＝青色（Cyan）
蓝色（Blue）＋红色（Red）＝洋红（Magenta）
红色（Red）＋绿色（Green）＋蓝色（Blue）＝白色（White）

<p align="center">图 4-6　三原色的加法混合</p>

<p>☆ 小技巧：原色混合</p>

　　当最大能量的红色（Red）、绿色（Green）和蓝色（Blue）光线混合时，人们看到的将是纯白色。例如在舞台四周有各种不同颜色的灯光照射着歌唱中的歌手，但歌手脸上的颜色却是白色，这种颜色就是通过混合最大能量的红色（Red）、绿色（Green）和蓝色（Blue）光线来实现的。

2. CMYK 模式

　　印刷或打印到纸张上的颜色是通过印刷机或打印机内置的三原色和黑色来实现的，而印刷机或打印机内置的三原色是指洋红（Magenta）、黄色（Yellow）和青色（Cyan），这与显示器的三原色不同，图 4-7 所示为 CMYK 模式的网页显示。

 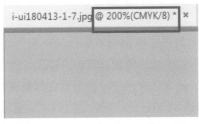

（a） （b）

图 4-7 CMYK 模式的网页显示

大众穿的衣服、身边的广告画等都是物体色，印刷的颜色也是物体色。当周围的光线照射到物体时，有一部分颜色被吸收，余下的部分会被反射出来，反射出来的颜色就是我们所看到的物体色，如图 4-8 所示为物体色的由来。

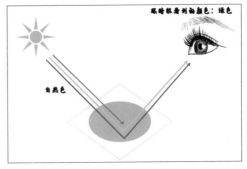

图 4-8 物体色的由来

因为物体色的这种特性，物体色的颜色混合方式称为减法混合。当混合了洋红（Magenta）、黄色（Yellow）和青色（Cyan）3 种颜色时，可视范围内的颜色全部被吸收而显示出黑色，图 4-9 所示为物体色的减法混合。

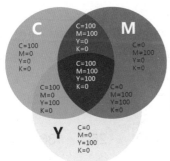

洋红（Magenta）+ 青色（Cyan）= 蓝色（Blue）
洋红（Magenta）+ 黄色（Yellow）= 红色（Red）
青色（Cyan）+ 黄色（Yellow）= 绿色（Green）
洋红（Magenta）+ 黄色（Yellow）+ 青色（Cyan）= 黑色（Black）

图 4-9 物体色的减法混合

☆ 小技巧：红黄蓝三原色的概念

读者曾经应该在小学美术课堂上学习过红、黄、蓝三原色的概念，这里所指的红、黄、蓝准确地说应该是洋红（Magenta）、黄色（Yellow）和青色（Cyan）3 种颜色。而通常所说的 CMYK 也是由青色（Cyan）、洋红（Magenta）和黄色（Yellow）3 种颜色的首字母加黑色（Black）的尾字母组合而成的。

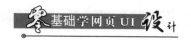

▶ 4.1.3　Web 安全颜色

不同的输出终端有不同的调色板，即不同的浏览器也有自己的调色板。这就意味着在不同的输出终端显示同一幅图像时，显示效果可能会有较大差别。

选择特定的颜色时，浏览器会尽量使用自己的调色板中最接近的颜色。如果浏览器中没有所选的颜色，则会通过抖动或者混合自身的颜色来尝试重新产生该颜色。

为了解决 Web 调色板的问题，专家通过研究确立了一组在所有浏览器中都可以使用的 Web 安全颜色。

这些颜色使用同一种颜色模型，在该颜色模型中，可以使用相应的十六进制颜色码来表达三原色（RGB）中的每一种。如果想要在制作网页时保证自己使用的颜色都是 Web 安全颜色，则可以打开 Photoshop 软件的拾色器，单击选中"只有 Web 颜色"选项，如图 4-10 所示。

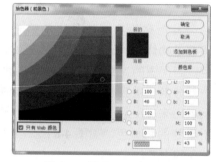

图 4-10　设置 Web 安全颜色

▶ 4.1.4　十六进制颜色码

作为设计师，要经常使用 RGB 的颜色模式来制作设计稿。当读者在看别人设计稿的时候，可能会看到一串颜色代码而非 RGB 颜色值。这时，读者就会想要知道这串颜色代码代表的是什么。

根据前面讲解过的知识，读者需要知道在 RGB 颜色值中 R 代表红色、G 代表绿色、B 代表蓝色，只有这三种颜色用于再现数字画布中的所有其他颜色。RGB 颜色值实际上拥有三个参数：R 指饱和度为 100% 的红色的亮度值（0°）；G 指饱和度为 100% 的绿色的亮度值（120°）；B 指饱和度为 100% 的蓝色的亮度值（240°）。

那么十六进制颜色码与 RGB 色值有什么关系呢？其实是因为十六进制颜色码是颜色的色值本身。也就是说，这串 6 位数的颜色码实际上是使用三组 2 位十六进制数表示 RGB 颜色值，十六进制颜色码和 RGB 颜色值的对比如图 4-11 所示。

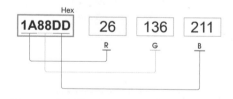

图 4-11　十六进制颜色码和 RGB 颜色值的对比

在十六进制颜色码中，包含 0 ～ 9 的数字以及 A ～ F 的字母。控制色彩明度的参数，0 ～ 9 的数字范围可以调试颜色的暗度，A ～ F 的字母范围可以调试颜色的亮度，图 4-12 所示为某个颜色的明度增减趋势。

在十六进制颜色码的参数释义中，0 ～ F 还代表了颜色色相的逐步递增，图 4-13 所示为红色通道的饱和度。

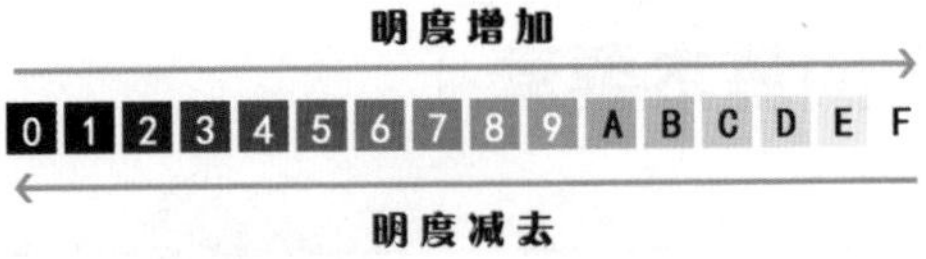

明度增加
0 1 2 3 4 5 6 7 8 9 A B C D E F
明度减去

图 4-12 颜色的明度增减趋势

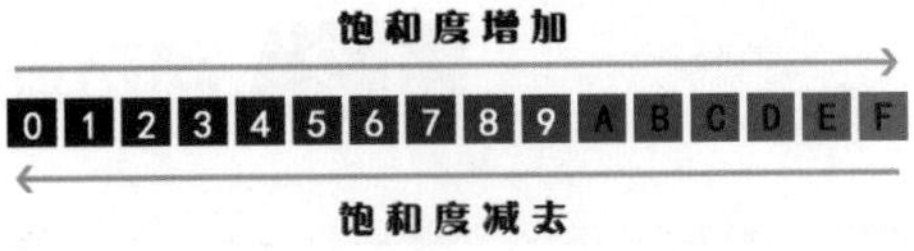

饱和度增加
0 1 2 3 4 5 6 7 8 9 A B C D E F
饱和度减去

图 4-13 红色通道的饱和度

☆ 提示

如图 4-12 和图 4-13 所示，色彩的明度和饱和度从 0 到 F 为逐渐递增趋势，相反方向则为递减趋势。十六进制颜色码 #000000 显示了明度和饱和度的完全消耗，体现方式为颜色值完全变黑，而颜色码 #FFFFFF 则显示了明度和饱和度已达到最大。

在十六进制颜色码中，前两位数值代表红色通道，第三和第四位数值代表绿色通道，最后两位数值代表蓝色通道，如图 4-14 所示。

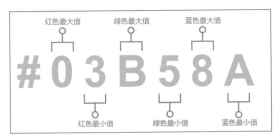

红色最大值
绿色最大值
蓝色最大值
#03B58A
红色最小值
绿色最小值
蓝色最小值

图 4-14 十六进制颜色码参数代表

☆ 小技巧：十六进制颜色码的 6 位数字释义

十六进制颜色码的 6 位数值分别代表红色最大值、红色最小值、绿色最大值、绿色最小值、蓝色最大值和蓝色最小值。最大值决定产生的颜色是红色、绿色还是蓝色；最小值决定该颜色的明度或饱和度。具有较高值的颜色更明亮且饱和，而具有较低值的颜色较暗且不饱和。

☆ 提示

如果 RGB 的三个色值大小相近，那么该颜色的饱和度偏低；在 RGB 的色值中，最大的一个色值，或者最大的两个比较相近的色值，可以决定色相;最大的色值决定亮度（最大值越大，亮度越高）；最小的色值决定饱和度（同亮度下，最小值越大，饱和度越低）。

4.2 网页配色的基本要素

一般情况下，一个网站页面包括网页主题色、网页背景色、网页辅助色和网页强调色这几种配色要素，本节将向读者一一介绍这几种配色要素。

▶ 4.2.1　网页主题色

色彩是网站艺术表现的重要元素之一。在网页 UI 设计中，设计师需要根据和谐、均衡和重点突出的原则，将不同的色彩进行组合，来构成美观的网站页面。同时设计师可以根据色彩对人们心理的影响，合理地加以运用，使网页对浏览者的作用更上一层楼。

主题色是指网页中最主要的颜色，包括大面积的背景色、装饰图形颜色等构成视觉中心的颜色。主题色是网页配色的中心色，通常以此为基础搭配其他颜色。色彩作为视觉信息，无时无刻不在影响着人类的正常生活。美妙的自然色彩，能够刺激和感染浏览者的视觉和心理情感，为浏览者提供丰富的视觉空间，图 4-15 所示为网页主题色。

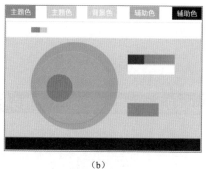

（a）　　　　　　　　　　　　　　（b）

图 4-15　网页主题色

▶ 4.2.2　网页背景色

背景色是指网页中大块的表面颜色，即使是同一组网页，背景色不同，带给浏览者的感觉也截然不同。背景色占绝对的面积优势，支配着整个空间的效果，是网页配色首先关注的重点地方。

目前，背景色主要包括白色、纯色、渐变颜色和图像等。背景色也称为网页的"支配色"，是决定网页整体配色印象的重要颜色。图 4-16 所示为网页背景色。

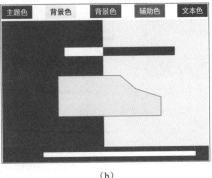

（a）　　　　　　　　　　　　　　（b）

图 4-16　网页背景色

4.2.3　网页辅助色

一般来说，一个网站页面通常不止一种颜色。除了具有视觉中心作用的主题色之外，还有一类陪衬主题色或与主题色互相呼应的辅助色，如图 4-17 所示。

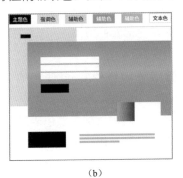

（a）　　　　　　　　　　　　　　（b）

图 4-17　网页辅助色

☆ 提示

辅助色的视觉重要性和面积次于主题色和背景色，常常用于陪衬主题色，使主题色更加突出。使用辅助色的通常是网页中较小的元素，如按钮、图标等。网页中辅助色可以是一个颜色，或者一个单色系，还可以是由若干颜色组成的颜色组合。

4.2.4　网页强调色

强调色是在主题色以外起强调作用的色彩，可以说它是非常重要的视觉焦点。它本身具有一种独立性，因此在配色上要形成与主题色的强烈对比。它可以是主题色的对比色、互补色等，目的是与主题色的色彩形成明显的对比，如图 4-18 所示。

（a）

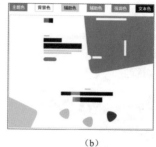
（b）

图 4-18　网页强调色

微视频

练一练——装修网页的配色设计

源文件：第 4 章 \4-2-4.psd　　　　　　视频：第 4 章 \4-2-4.mp4

• 案例分析

此案例是分析某款装修网页的配色设计，图 4-19 所示为此款装修网页的图像效果。根据效果图可知，此网页使用了单色的配色方案。

• 制作步骤

Step 01 装修网页的 Logo 使用的颜色为 RGB（10、80、69），此颜色属于绿色系，因此网页的主题色确定为绿色。导航文字采用中性色黑色，为了突出选中导航，将选中的导航文字设置为与主题色同色系的浅绿色，如图 4-20 所示。

图 4-19　装修网页的图像效果

图 4-20　确定网页主色

Step 02 网页中的 Banner 广告图，根据同色系的配色方案，使用了蓝绿色的图像，再添加一些白色的图像和文字，为网页 Banner 广告添加了一些活泼的元素，如图 4-21 所示。

Step 03 网页中的登录框，采用了中性色中的白色用作登录框的底衬，而登录框的标题和登录按钮则采用与主题色同色系的绿色，这样使得网页登录框可以更加完美地融入网页 Banner 广告图像中，如图 4-22 所示。

Step 04 网页中的卡片模块，采用了白色底衬、黑色文字和绿色图标，这样的配色设计显得网页元素具有统一性，如图 4-23 所示。

图 4-21　网页 Banner 广告图的配色设计

图 4-22　网页登录框的配色设计

Step 05 网页中的空间搭配模块，由 7 张不同的房间装修图像组成，不同的图像有不同的色彩，为网页增添了许多的活力，如图 4-24 所示。

图 4-23　卡片模块的配色设计

图 4-24　空间搭配模块的配色设计

Step 06 使用相同方法完成软装设计服务流程模块的配色设计，如图 4-25 所示。网页的版底设计，使用了黑色作为模块的背景，搭配白色和绿色的文字，使得版底信息清晰明了，如图 4-26 所示。

图 4-25　软装设计服务流程的配色设计

图 4-26　版底信息的配色设计

4.3 网页的基础配色方法

在网页 UI 设计中经常能够看到色彩华丽、强烈的设计。大多数设计师都希望能够摆脱各种限制，表现出华丽的色彩搭配效果。但是，想要把几种色彩搭配得非常华丽绝对没有想象得简单。想要在数万种色彩中挑选合适的色彩，需要设计师具备出色的色彩感。

配色就是搭配几种色彩，配色方法不同，色彩感觉也不同。色彩搭配可以分为单色、类似色、补色、邻近补色、无彩色等。本节介绍网页的基础配色方法。

▶ 4.3.1 单色

单色配色是指选取单一的色彩，通过在单一色彩中加入白色或黑色，从而改变该色彩明度进行配色的方法，图 4-27 所示为使用单色配色的效果。

图 4-27　单色配色设计

▶ 4.3.2 类似色

类似色又称为临近色，是指色相环中最邻近的色彩，色相差别较小，在 12 色相环中，凡夹角在 60°之内的颜色均为类似色关系，类似色配色是比较容易的一种色彩搭配方法。图 4-28 所示为使用类似色配色的效果。

图 4-28　类似色配色设计

▶ 4.3.3 补色

补色与类似色正好相反，色相环中的色彩，其另一面相对的色彩就是补色。补色配色可以表现出强烈、醒目、鲜明的效果。例如，黄色是蓝紫色的补色，它可以使蓝紫色更蓝，而蓝紫色也增加了黄色的红色氛围。图 4-29 所示为使用补色配色的效果。

图 4-29　补色配色设计

▶ 4.3.4　邻近补色

　　邻近补色可有两种或三种颜色构成，选择一种颜色，在色相环的另一边找到它的补色，然后使用与该补色相邻的一种或两种颜色，便构成了邻近补色。图 4-30 所示为使用邻近补色配色的效果。

图 4-30　邻近补色配色设计

▶ 4.3.5　无彩色

　　无彩色系是指黑色和白色，以及由黑白两色相混而成的各种深浅不同的灰色系列，其中的黑色和白色是单纯的色彩，而由黑色、白色混合形成的灰色却有不同深浅。无彩色系的颜色只有一种基本属性，那就是"明度"。图 4-31 所示为使用无彩色进行配色的效果。

图 4-31　无彩色配色设计

4.4 网页中的文字配色设计

比起图像或图形布局要素来说,文字配色需要更强的可读性和可识别性。所以文字的配色与背景的对比度等问题就需要多费些脑筋。字的颜色和背景色有明显的差异,其可读性和可识别性就很强。这时主要使用的配色是对比配色或者利用补色关系的配色。

▷ 4.4.1 背景与文字配色

如果一个网站拥有背景色,则设计师必须要考虑背景色与前景文字的搭配问题。一般网站的侧重点在于文字,由此,网页背景色的选择偏向于纯度或者明度较低的色彩,而文字则使用较为突出的亮色,这样的网页配色,可以让浏览者一目了然,如图4-32 所示。

（a）

（b）

图 4-32　网页背景与文字颜色设计

艺术性的网页,文字设计可以更加充分地利用突出优势,以个性鲜明的文字色彩突出体现网页的整体设计风格,或清淡高雅,或原始古拙,或前卫现代,或宁静悠远,图 4-33 所示为前卫现代的艺术性网页。

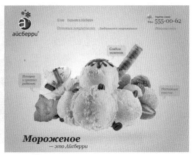

（a）　　　　　　　　　　　　　（b）

图 4-33　艺术型网页

练一练——旅游网页的配色设计

源文件：第 4 章 \4-4-1.psd　　　　　视频：第 4 章 \4-4-1.mp4

微视频

• 案例分析

此案例是分析某款旅游网页的配色设计，图 4-34 所示为该款旅游网页的图像效果。根据效果图可知，此网页使用了无彩色和同色系的配色方案。

• 制作步骤

Step01 网页 Logo 使用了白色，确定网页的主题色为白色，为了网页的统一性，网页的导航文字也设置为白色，如图 4-35 所示。

图 4-34　旅游网页的图像效果

图 4-35　Logo 和导航的配色设计

Step02 网页的 Banner 广告使用了蓝色的底衬、图像，再搭配白色的图像和文字。这个蓝色有着安抚的心理暗示，这样可以带给想要旅游的浏览者很多的稳定感，如图 4-36 所示。

Step03 网页的图标入口模块，采用了白色的底衬、蓝色的图标和黑色的文字。此模块的配色设计与上面的 Banner 广告采用同色系的配色设计，如图 4-37 所示，是为了让网页元素更具有统一性。

图 4-36　Banner 广告的配色设计

图 4-37　图标入口的配色设计

Step04 设计图片展示模块时，选择一些蓝色系的图片，这与网页 Banner 广告的色系相一致，是采用同色系的配色设计，如图 4-38 所示。使用相同方法完成网页中的另一个图片展示模块的配色设计，如图 4-39 所示。

图 4-38　旅游图片的配色设计

图 4-39　旅游图片的配色设计

Step05 将网页版底信息设计为灰色，灰色因其中性色的属性，可以让网页的版底信息与网页中其他配色设计相融合，如图 4-40 所示。完成网页版底信息的配色设计后，完整的网页配色设计也完成了，如图 4-41 所示。

图 4-40　版底信息的配色设计　　　　图 4-41　完整的网页配色设计

▶ 4.4.2　链接文字

　　一个网站不可能只是单一的一个网页，所以文字与图片的链接是网站中不可缺少的一部分。现代人的生活节奏相当快，不可能浪费太多的时间去寻找网站的链接。因此，要设置独特的链接颜色，让人感觉它的与众不同，自然而然去单击鼠标。

　　这里特别指出文字链接，因为文字链接区别于叙述性的文字，所以文字链接的颜色不能和其他文字的颜色一样，如图 4-42 所示。

图 4-42　链接文字的配色设计

　　链接文字一般有 4 种状态，设计师在设计链接文字时，需要为链接文字的这 4 种状态设计不同的颜色，用以区分各个状态。这 4 种状态分别为默认状态、悬停状态、选中状态和已访问状态。

这 4 种状态被用来向浏览者展示链接文字的交互属性，所以它们也被称为链接文字的交互设计。以图 4-43 为例，图中的链接文字使用了两种颜色，分别是默认状态的深灰色和悬停状态的橙色。

默认状态　　　　　悬停状态　　　　　选中状态　　　　　已访问状态

图 4-43　链接文字不同状态采用的配色

☆ 提示

快节奏的城市生活使得大众丧失了大部分的耐心和仔细判断的能力，所以现在大部分设计师在设计链接文字时，会考虑它的交互设计，但也没有了以前的精致和复杂。最常见的就是为 4 种状态搭配两种颜色，既省时又省力。

4.5　网页元素的色彩搭配

网页中的几个关键元素，如网页 Logo 与网页 Banner 广告、导航菜单、背景与文字，以及链接文字的颜色应该如何协调，是网页配色时需要认真考虑的问题。

▶ 4.5.1　网页 Logo 和广告配色

Logo 和网页广告是宣传网站最重要的工具，所以这两个部分一定要在页面上脱颖而出。怎样做到这一点呢？可以将 Logo 和广告做得像象形文字，并从色彩方面与网页的主题色分离开。有时候为了更突出，也可以使用与主题色相反的颜色。图 4-44 所示即通过配色突出了网页 Logo 的效果。

练一练——家居网页的配色设计

微视频

源文件：第 4 章 \4-5-1.psd　　　　　　视频：第 4 章 \4-5-1.mp4

• 案例分析

此案例是分析某款家居网页的配色设计，图 4-45 所示为此款家居网页的图像效果。根据效果图可知，此网页使用了类似色的配色方案。

• 制作步骤

Step01 网页 Logo 由大图＋大号文字组成，大图和文字的色系一致，使网页具有统一性。将翻页按钮设置为主题色橙黄色，强调网页大图可以进行替换，如图 4-46 所示。

LOGO配色

广告文字

（a） （b）

图 4-44 突出网页 Logo

图 4-45 家居网页的图像效果

Step 02 导航图标的默认颜色与首页大图的色系相一致，然后将图标的选中状态设置为主题色，使网页图标与翻页按钮的配色设计相呼应，如图 4-47 所示。

Step 03 功能模块中的图标使用墨绿色作为填充颜色，与 Banner 广告中的沙发色调相一致，使其产生呼应效果。采用黄色系的图

图 4-46 网页 Logo 的配色设计

片来平衡网页配色，在标题文字下方添加橙黄色的色块，起突出强调的作用，如图 4-48 所示。

图 4-47 导航图标的配色设计 图 4-48 功能模块的配色设计

Step 04 产品介绍模块中使用家居大图来向用户展示商品细节，并为大图添加黑色半透明的遮罩，在遮罩上方添加白色的商品信息文字和橙黄色的按钮，如图 4-49 所示。

Step 05 透明信息模块的配色设计采用了拥有主题色色相的图像和装饰形状，再加上黑色的文字，将文字和图像放置在左右两端，既平衡了配色，又平衡了网页布局，如图 4-50 所示。

图 4-49　产品介绍模块的配色设计　　　　　　图 4-50　透明信息模块的配色设计

Step06 版底信息采用墨绿色作为背景色，与网页顶部的 Banner 广告图相呼应。搭配白色的文字和拥有主题色色相的形状，使网页看起来更加的和谐，如图 4-51 所示。网页版底信息的配色设计完成后，整体的网页配色效果如图 4-52 所示。

图 4-51　版底信息的配色设计　　　　　　图 4-52　完整网页显示

▶ 4.5.2　网页导航配色

网页导航是网页视觉设计中重要的视觉元素，它的主要功能是更好地帮助用户访问网站内容。一个优秀的网页导航，应该立足于用户的角度去进行设计。导航设计的合理与否将直接影响到用户使用时的舒适与否。在不同的网页中使用不同的导航形式，既要注重突出表现导航，又要注重整个页面的协调性。

导航菜单是网站的指路灯，浏览者要在网页间跳转，要了解网站的结构和内容，都必须通过导航或者页面中的一些小标题来完成。所以网页导航可以使用稍微具有跳跃性的色彩，以吸引浏览者的视线，让浏览者感觉网站结构清晰明了、层次分明，如图 4-53 所示。

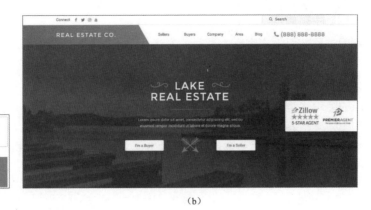

<table>
<tr><td>默认配色</td></tr>
<tr><td>选中配色</td></tr>
</table>

（a）　　　　　　　　　　　　　　　　　　（b）

图 4-53　网页导航的配色设计

4.6　网页配色技巧

合理的网页配色是一项艺术性很强的工作，所以，设计师在进行网页色彩搭配时，除了要考虑网页本身的主题外，还需要遵循一定的艺术规律，这样设计师才能设计出页面美观、风格独特的网页。

▶ 4.6.1　突出主题的配色技巧

在浏览网页时，浏览者会发现美观的网页配色经常能将整个网页的主题明确突出，能够聚焦浏览者的目光，主题往往被恰当地突出显示，在视觉上形成一个中心点，如图4-54 所示。如果主题不够明确，就会让浏览者心烦意乱，配色整体也会缺乏稳定感。

（a）　　　　　　　　　　　　　　　　　　（b）

图 4-54　突出主题的配色设计

1. 明确主题焦点

不同的网站页面在突出主题时的方法并不相同，可以将主题的配色突出得非常强势，也可以通过相应的配色技法将主题很好地强化与凸显。

如图 4-55 所示，突出网页主题的方法有两种，一种是直接增强主题的配色，保持主题的绝对优势，例如设计师可以通过提高主题配色的纯度、增大整个页面的明度差和增强色相等方法突出主题。另一种是间接强调主题，例如在主题配色较弱的情况下，通过添加强调色或削弱辅助色等方法来突出主题的相对优势。

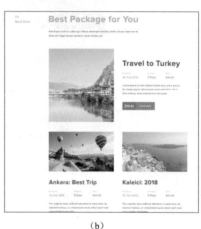

（a）　　　　　　　　　　　　　　　　（b）

图 4-55　明确网页主题

2. 提高饱和度

在网页配色中，为了突出网页的主要内容和主题，提高主题区域的色彩饱和度是最有效的方法。饱和度就是鲜艳度，当主题配色鲜艳起来，与网页背景和其他内容区域的配色相区分，就会达到确定主题的效果，如图 4-56 所示。

（a）　　　　　　　　　　　　　　　　（b）

图 4-56　提高网页主题的饱和度

制作不同的网页，设计师所需表达的主题也不尽相同，如果都通过提高颜色鲜艳度来控制主题色彩，那么可能会造成网页鲜艳程度一样的情况，这会让浏览者分不清网页主题，鲜艳程度相近也是如此。所以在确定网页主题配色时，设计师应充分考虑与周围色彩的对比情况，如图 4-57 所示。

（a）　　　　　　　　　　　　　　　　　　（b）

图 4-57　提高网页配色的饱和度

3. 增大明度差

明度就是明暗程度，明度最高的就是白色，明度最低的就是黑色。任何颜色都有相应的明度值，同为纯色调，不同的色相，明度也不相同，例如黄色明度最接近白色，而紫色的明度靠近黑色，如图 4-58 所示。

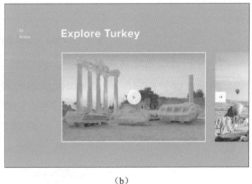

（a）　　　　　　　　　　　　　　　　　　（b）

图 4-58　增大网页中的明度差

设计网页时，可以通过无彩色和有彩色的明度对比来凸显主题。例如，网页背景是比较丰富的色彩，主题内容是无彩色的白色，就可以通过降低网页背景明度来凸显主题色；相反，如果提高背景的色彩明度，就要相应地降低主题色彩的明度。只要增强明度差异，就能提高主题色彩的强势地位，如图 4-59 所示。

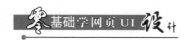

（a）   （b）

图 4-59　增加网页中的明度差

4. 增强色相

在前面所学习的配色知识中，我们了解了色相环中的邻近色相和类似色相，它们在网页中的配色能够增强网页的统一性和协调性。

也有色相之间对比强烈的，例如互补色相。在配色中，增强色相型配色有利于浏览者快速发现网页的重点，突出网页主题，如图 4-60 所示。

（a）   （b）

图 4-60　增强色相的网页显示

5. 抑制辅助色或背景

浏览大部分网页时，会发现网页的主题色比较鲜艳，视觉上占据有利地位，但不是所有网页都采用鲜艳的颜色去突出主题。

根据色彩印象，网页配色中，也有很多主题使用素雅的色彩，所以就要对主题色以外的辅助和点缀色稍加控制，如图 4-61 所示。

（a）   （b）

图 4-61　削弱网页背景

当网页的主题色彩偏柔和、素雅时，背景颜色在选择上要尽量避免纯色和暗色，用淡色调或浊色调，可以避免由于背景色彩过分艳丽导致的网页主题不够突出和整体风格改变。总的来说，削弱辅助色彩和背景色彩有利于主题色彩变得更加醒目，如图 4-62 所示。

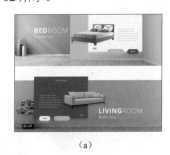
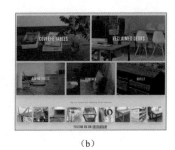

（a）　　　　　　　　　　　（b）

图 4-62　削弱辅助色使网页更加醒目

▶ 4.6.2　整体融和的配色技巧

在进行网站页面的配色设计时，在网页主题没有被明显突出显示的情况下，整体的设计配色会趋向融合的方向，这就是与我们前面所了解的突出配色相反的配色方法。

与突出网页主题的配色方法一样，设计师可采用对色彩属性（色相、饱和度和明度）的控制来达到融合的目的。突出网页主题时，需要增强色彩之间的对比性，而融合配色则完全相反，是要削弱色彩的对比。在融合型的配色方法中，包含添加类似色、重复、渐变、群化等非常有效的方式。

1. 接近色相

增强色相之间的差距可以营造出活泼、喧闹的氛围，在实际的网页配色中，如果色彩感觉过于凸显或喧闹，可以减小色相差，使色彩彼此贴近与融合，利于网页配色更加稳定。使用类似色进行搭配可以产生稳定、和谐和统一的网页图像效果，如图 4-63 所示。

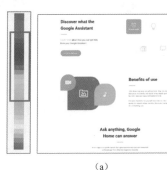

（a）　　　　　　　　　　　（b）

图 4-63　接近色相的网页显示

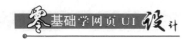

2. 统一明度

在网页配色中，如果配色本身的色相差过大，但又想让网页传达一种平静、安定的感觉，可以试着将色彩之间的明度靠近，以在维持原有风格的同时，得到比较安定的配色印象，如图 4-64 所示。

（a）   （b）

图 4-64　统一明度的网页显示

3. 接近色调

网页中无论使用什么色相进行组合配色，只要使用相同色调中的颜色，就可以形成融合效果，同一色调的色彩具有和谐、包容和统一的感觉，所以在网页中可以塑造一种统一的感觉，如图 4-65 所示。

（a）   （b）

图 4-65　接近色调的网页配色技巧

4. 添加类似色或是同类色

网页配色在选择色彩时，数量上尽量保持在两三种，这样会保持页面的整体性，如果两种色彩的对比过于强势，可以加入这两种颜色中的任意色相相近的第三种色彩，在对比的同时增加整体感，选择第三种色彩时可以优先考虑相邻色和类似色，也可以考虑中性色，如图 4-66 所示。

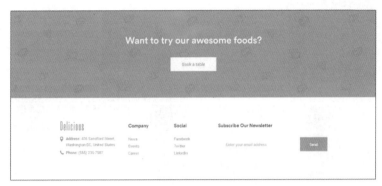

图 4-66　为网页添加类似色

5. 网页产生稳定感

色彩的逐渐变化就是色彩的渐变，有从红到蓝的色彩变化，还有从暗色调到明色调的明暗变化，在网页配色中，这都需要按照一定方向进行变化，维持网页的稳定和舒适感的同时，让其产生一种节奏感，如图 4-67 所示。

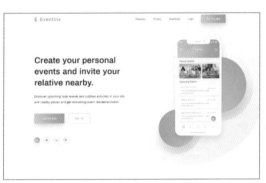

（a）

（b）

图 4-67　使网页产生稳定感

☆提示

有时配色可能不会按照色彩的顺序，而是将其打乱，这会让渐变的稳定感减弱，给人一种活力感，但这种网页配色方法不是很确定，可能会造成网页色彩混乱的后果。

▶ 4.6.3　整理出色的配色方案

根据之前做过的一些网页设计，通过归纳总结可以整理出几套比较出色的网页配色方案，配色方案的具体参数如图 4-68 所示。

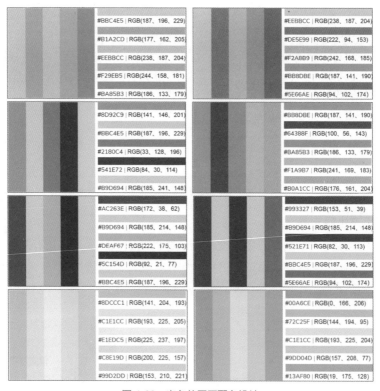

图 4-68　出色的网页配色设计

微视频

练一练——建筑公司官网的配色设计

源文件：第 4 章 \4-6-3.psd　　　　　　视频：第 4 章 \4-6-3.mp4

• 案例分析

此案例是分析某款建筑公司官网的配色设计，图 4-69 所示为该公司官网的图像效果。根据效果图可知，此网页使用了同色系的配色方案。

• 制作步骤

Step01 此款网页的商品性质跟科技惺惺相惜，设置了代表冷静和理智的蓝色作为网页主题色，同时使用了同色系的蓝绿色 Banner 广告图像，使网页具有统一性，如图 4-70 所示。

图 4-69　建筑公司官网的图像展示

Step02 继续将网页的导航图标设计为蓝色，如图 4-71 所示。企业概况模块中，使用明度偏低的蓝色图像，添加黑色的介绍文字，设置"查看更多"按钮的颜色为蓝色，起强调的作用，如图 4-72 所示。

图 4-70 确定网页主题色

图 4-71 网页导航图标的配色设计

Step03 企业资讯模块的配色设计采用了蓝色和灰色的文字背景交叉而行，使网页的配色设计更加和谐，如图 4-73 所示。模块下方的翻页按钮有默认状态和选中状态两个选项，设置选中按钮与主色相一致，如图 4-74 所示。

图 4-72 企业概况模块的配色设计

图 4-73 企业资讯模块的配色设计

Step04 使用相同方法完成企业成就模块的配色设计，如图 4-75 所示。完成企业成就模块的配色设计，网页的整体配色设计，如图 4-76 所示。

图 4-74 按钮颜色设计

图 4-75 企业成就模块的配色设计

图 4-76 完整网页配色设计

4.7 举一反三——一款居家生活网页的配色设计

微视频

源文件：第 4 章 \4-7.psd   视频：第 4 章 \4-7.mp4

本案例是分析设计一款网页的配色设计，通过学习本章的网页配色知识，再结合练一练的案例分析，读者需要自主设计分析此款网页使用了什么样的配色方案，使用了哪些配色技巧。与此同时，读者也要思考，哪些配色方案更适合哪款网页。

Step01 根据网页的商品类别来确定网页的主题色，设置网页的广告图为主题色，如图 4-77 所示。

Step02 根据网页的主题色完成网页图片分析模块的配色设计，如图 4-78 所示。

图 4-77　确定网页主题色　　　　　图 4-78　完成图片分析模块的配色设计

Step03 使用相同方法完成相似模块的配色设计，如图 4-79 所示。

Step04 使用清丽雅致的大图，搭配主题色的按钮和黑色的文字，如图 4-80 所示。

图 4-79　使用相同方法完成相似模块的配色设计　　　图 4-80　完成大图搭配文字的配色设计

4.8 本章小结

本章主要讲解了一些网页的配色设计，包括理解色彩、网页配色的设计基础、网页中的文字配色设计、网页元素的色彩搭配和网页配色技巧等内容，它们在网页中的作用举足轻重，读者应逐一掌握这些配色技巧。

第5章

网页中的广告设计

本章主要内容

网页作为一种逐渐被大众所熟悉和接受的媒体，正在逐步显示其特有的、深厚的广告价值空间，现有的网页界面中广告也是不可替代的组成部分。在本章中将向读者介绍有关网页中广告设计的相关知识，并通过实际的案例制作讲解使读者掌握网页中广告的设计表现方法。

5.1 网页广告概述

网页已经成为企业形象和产品宣传的重要方式之一，而广告也是大多数网页不可或缺的元素，但是如何合理地在网页中设置广告位，使广告得到最优的展示效果，是设计师必须掌握的技能。

▶ 5.1.1 网页广告概念

广告被认为是运用媒体的形式来传递具有目的性的商品信息的。它的主旨是唤起大众对商品的需求并对生产或销售这些商品的企业产生一定的了解和好感，从而为该企业提供某种非营利目的的服务以及阐述某种意义和见解等。

随着互联网的普及，网页中出现了越来越多的广告内容，因为其独特的传播渠道，它们被称之为网页广告。

广告可以通过报刊、广播、电视、电影、计算机、手机、路牌、橱窗、印刷品和霓虹灯等媒介或形式，进行刊播、设置或张贴。而网页广告就是通过计算机和手机等媒介传播企业的商品信息，如图 5-1 所示。

（a） （b）

图 5-1 网页广告

▶ 5.1.2 网页广告的特征

网页广告不同于一般大众传播和宣传活动，它的主要特征如下。

• 网页广告是一种传播工具，是将某一项商品的信息，由这项商品的生产或经营机构（广告主）传送给用户和消费者。

• 网页广告进行的传播活动是带有说服性的。

• 网页广告有目的、有计划，并且是连续的。

· 网页广告不仅对广告主有利，而且对目标对象也有好处，它可以使用户和消费者得到有用的信息。

5.1.3　设计出色的网页广告样式

顺应市场需求设计一些常见的广告样式和尺寸，更有益于媒体流量变现最大化。因为广告主、代理商准备素材的时间和精力是有限的，所以多数设计师都会从常见的广告尺寸着手设计。

如果媒体方的广告位过于个性化，那么对于广告主、代理商来说就要衡量媒体是否有值得做定制化设计的价值，如果答案是否定的，则媒体无形中可能会流失一部分广告主客户，导致变现效益降低。

在众多的广告样式中，网页该如何选择最恰当的广告样式来宣传产品呢？首先，所选择与设计的广告样式要与网页环境相契合，即广告的呈现要符合视觉整合原则，不能突兀或破坏页面本身的和谐，以免影响用户体验并降低媒体好感度，如图 5-2 所示。

图 5-2　广告样式与网页环境相契合

☆ 提示

顶 / 底部 Banner 广告更适用于工具类网页；视频类网页与视频贴片广告或视频暂停时的插屏广告更匹配；而图文信息流广告，则更适合在资讯、社交和视听等内容流式的媒体中出现。

其次，如果设计师从广告主角度出发来设计广告样式，那么女性社区类 APP 的适配广告主多为电商品牌，而电商广告主希望广告可以充分展示产品的各项细节和功能，使用更细致的沟通拉近用户与产品的距离。

基于这样的广告需求，多组图文信息流广告和轮播式 Banner 广告样式就非常适合，这两种广告样式也能大大提升 APP 的广告主黏性，如图 5-3 所示。

图 5-3 选择合适的广告样式

5.2 移动端网页常见的广告样式

移动端网页常见的广告样式分为 Banner 广告、开屏广告、信息流广告、插屏广告和视频贴片广告等，本节将向读者详细介绍这几种广告样式的概念与特点。

▶ 5.2.1 Banner 广告

Banner 广告也称横幅广告和旗帜广告，它是移动端网页中最常见的广告样式。Banner 广告一般会出现在 APP 首页、发现页和专题详情页等页面的顶部、底部或中部。如今，任何类型的 APP 都适合植入 Banner 广告，如图 5-4 所示。

图 5-4 移动端 Banner 广告

☆ 提示

640×100px、320×50px、728×90px、1280×720px、640×288px、300×250px 是展现效果较佳的几种常见 Banner 广告尺寸。

练一练——设计制作 APP 页面的 Banner 广告

源文件：第 5 章 \5-2-1.psd　　　　　　视频：第 5 章 \5-2-1.mp4

• 案例分析

　　本案例设计制作一款移动端 APP 的 Banner 广告，Banner 广告的宣传目的是向浏览者传递护肤商品的功能信息。由于护肤商品的受众范围通常为女性，所以选择了红色作为广告页面的主色，搭配少量的黄色和蓝色，整个广告效果显得青春靓丽，如图 5-5 所示。

图 5-5　网页广告显示

• 制作步骤

　　Step 01 新建一个空白文档，文档各项参数如图 5-6 所示。进入画布，设置前景色为 RGB（240、127、111），使用"油漆桶工具"在画布中单击为其填充颜色，如图 5-7 所示。

图 5-6　新建文件参数　　　　　　　　　　图 5-7　填充颜色

　　Step 02 新建图层，使用"矩形选框工具"在画布中创建一个大小为 1920×2px 的矩形，如图 5-8 所示。设置前景色为 RGB（244、215、184），使用"油漆桶工具"为选区填充前景色，如图 5-9 所示。

图 5-8　创建选区

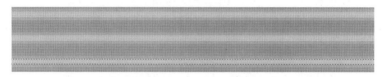

图 5-9　填充颜色

Step 03 使用方向键向下移动选区，并使用"油漆桶工具"为选区填充颜色，使用相同方法完成相似内容的制作，如图 5-10 所示。

图 5-10　连续填充颜色

Step 04 完成选区内容的制作后，使用组合键 Ctrl+D 取消选区，设置图层不透明度为 27%，如图 5-11 所示。打开几张素材图像，连续将其拖曳到设计文档中并摆放到合适的位置，如图 5-12 所示。

图 5-11　设置图层不透明度

图 5-12　添加素材图像

Step 05 使用"椭圆工具"创建一个大小为 575×575px 的形状，设置填充颜色为 RGB（208、117、104），如图 5-13 所示。设置形状图层的不透明度为 76%，如图 5-14 所示。

Step 06 复制形状，修改形状的填充颜色为 RGB（213、101、84），继续修改形状的大小为 542×542px，如图 5-15 所示。打开一张素材图像，使用"移动工具"将其拖曳到设计文档中，如图 5-16 所示。

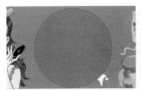  

图 5-13 创建形状　　图 5-14 设置图层不透明度　　图 5-15 复制形状　　图 5-16 添加图像

Step 07 打开"字符"面板，设置如图 5-17 所示的字符参数。使用"横排文字工具"在画布中添加文字内容，具体的文字内容如图 5-18 所示。

Step 08 打开"字符"面板，设置如图 5-19 所示的字符参数。使用"横排文字工具"连续在画布中添加文字内容，具体的文字内容如图 5-20 所示。

图 5-17 字符参数　　图 5-18 添加文字内容　　图 5-19 字符参数　　图 5-20 添加文字内容

Step 09 使用"椭圆工具"在画布中创建两个大小为 12×12px 的形状，如图 5-21 所示。使用"矩形工具"在画布中创建一个大小为 471×34px 的形状，形状的填充颜色为 RGB（178、70、54），如图 5-22 所示。

Step 10 打开"字符"面板，设置如图 5-23 所示的字符参数。使用"横排文字工具"连续在画布中添加文字内容，具体的文字内容如图 5-24 所示。

图 5-21 创建椭圆形状　　图 5-22 创建矩形　　图 5-23 字符参数　　图 5-24 添加文字内容

Step 11 使用相同方法完成相似内容的制作，如图 5-25 所示。制作完成后，网页 Banner 广告整体制作完成，广告的图像效果如图 5-26 所示。

图 5-25　完成相似内容　　　　　　　　　　　　图 5-26　广告的图像效果

▶ 5.2.2　开屏广告

开屏广告一般出现在 **APP** 启动加载时，它是移动端所有广告样式中尺寸最大，同时也是极受品牌广告主青睐的广告样式。开屏广告可以是全屏或半屏的静态图片，如图 5-27 所示，还可以是多帧动画或 **GIF** 动图等。

图 5-27　移动端开屏广告

▶ 5.2.3　信息流广告

信息流广告主要包括小图信息流、大图信息流、组图信息流和竖版信息流等展现形式。一般若 **APP** 具备一定的内容（内容可由用户产出或媒体产出），都可安插信息流广告。

例如，音频类 **APP** 蜻蜓 **FM**，女性亲子类 **APP** 美柚、智慧树，新闻类 **APP** 今日头条、一点资讯，搜索类 **APP** 百度、搜狗，视频类 **APP** 优酷、芒果 **TV**，以及健身工具类 **APP** 每日瑜伽等，都适合投放信息流广告，如图 5-28 所示。

图 5-28　移动端信息流广告

▶ 5.2.4　插屏广告

　　插屏广告一般出现在用户操作 APP（游戏、视频应用居多）暂停、过关、跳转或退出时，以半屏或全屏的形式弹出，展示时机巧妙并且能够避开用户对应用的正常体验，操作方可以选择点击或忽略，给用户留有选择的余地，是一项人性化的体验。插屏广告的表现形式主要是静态图、GIF 图等，如图 5-29 所示。

图 5-29　移动端插屏广告

练一练——设计制作 APP 页面插屏广告

源文件：第 5 章 \5-2-4.psd　　　　　　　视频：第 5 章 \5-2-4.mp4

微视频

• 案例分析

　　本案例是设计制作一款 APP 的插屏广告，根据移动端的广告设计特点和插屏广告的设计思路，该插屏广告由信息文字和链接按钮组成，再搭配一些礼包、礼盒等图像内容，使插屏广告更具有感染力，如图 5-30 所示。

• 制作步骤

Step 01 新建一个空白文档，文档各项参数如图 5-31 所示。打开一张素材图像，将其拖曳到设计文档中，如图 5-32 所示。

图 5-30　网页插屏广告显示

图 5-31　新建文档

图 5-32　添加图像

Step 02 使用"矩形工具"在画布中创建一个黑色矩形，设置矩形的填充不透明度为 80%，如图 5-33 所示。使用"圆角矩形工具"创建一个暗红色的形状，形状的填充颜色为 RGB（80、21、7），如图 5-34 所示。

图 5-33　创建矩形

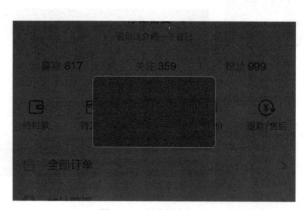

图 5-34　创建圆角矩形

Step 03 打开"字符"面板，设置如图 5-35 所示的字符参数。使用"横排文字工具"在画布中添加数字内容，如图 5-36 所示。

Step 04 为文字图层添加"渐变叠加"和"投影"的图层样式，文字图层的图像效果如图 5-37 所示。新建图层，按住 Ctrl 键，单击文字图层的图层缩览图，调出文字图层的选区，如图 5-38 所示。

图 5-35　字符参数

图 5-36　添加数字

图 5-37　添加图层样式

图 5-38　调取选区

Step05 执行"选择 > 修改 > 扩展"命令，弹出"扩展选区"对话框，设置如图 5-39 所示的参数。设置完成后，单击"确定"按钮，选取被扩大到如图 5-40 所示的范围。

Step06 设置前景色为 RGB（78、19、6），使用"油漆桶工具"为选区填充前景色，如图 5-41 所示。使用相同方法完成其他两个数字的填充，如图 5-42 所示。

图 5-39　扩展选区参数

图 5-40　扩展选区范围

图 5-41　填充选区

图 5-42　完成相似内容

Step07 使用"矩形选框工具"创建选区，如图 5-43 所示。使用"油漆桶工具"在画布中单击选区，为其填充前景色，如图 5-44 所示。在打开的"图层"面板中，调整图层的上下顺序，如图 5-45 所示。

Step08 打开一张素材图像，将其拖曳到设计文档中，如图 5-46 所示。再次打开一张素材图像，将其拖曳到设计文档中，如图 5-47 所示。

图 5-43　创建选区

图 5-44　填充颜色

图 5-45　调整图层上下顺序

图 5-46　添加图像

Step09 双击图层打开"图层样式"的对话框，选择"描边"选项，设置如图 5-48 所示的参数。设置完成后，图像如图 5-49 所示。

Step10 使用"横排文字工具"在画布中添加文字内容，并为其添加"描边"的图层样式，如图 5-50 所示。使用"椭圆工具"在画布中创建一个黄色的正圆形，对形状添加剪贴蒙版的效果，如图 5-51 所示。

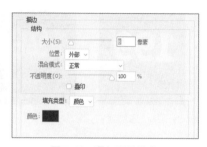

图 5-47　再次添加图像　　　　图 5-48　添加图层样式　　　　图 5-49　图像效果

Step 11 使用相同方法完成相似文字内容的制作，如图 5-52 所示。使用"圆角矩形工具"创建一个圆角矩形，形状的填充颜色为 RGB（253、45、65），如图 5-53 所示。

图 5-50　添加文字　　图 5-51　创建形状　　图 5-52　完成相似内容　　图 5-53　创建圆角矩形

Step 12 使用组合键 Ctrl+T 调出定界框，右击，在弹出的下拉列表中选择"斜切"选项，调整形状为如图 5-54 所示的状态。复制形状，对形状进行水平翻转的操作，如图 5-55 所示。

Step 13 使用相同方法完成相似内容的制作，如图 5-56 所示。使用相同方法完成素材图像的绘制，如图 5-57 所示。

图 5-54　斜切圆角矩形　　图 5-55　复制形状　　图 5-56　完成相似内容　　图 5-57　添加图像

Step 14 使用相同方法完成广告的剩余内容制作，如图 5-58 所示。完成整体绘制，图像效果如图 5-59 所示。

图 5-58　完成剩余内容制作　　图 5-59　图像效果

▶ 5.2.5　视频贴片广告

视频贴片广告多出现在视频类 APP 页面中，设计师可以将广告设计为前贴（视频播放前出现广告）和中贴（视频播放中途出现广告）。视频贴片广告的常见尺寸以 1280×720px、1920×1080px、512×288px 为准，如图 5-60 所示。

图 5-60　移动端视频贴片广告

5.3　移动端网页广告的设计思路

每个广告样式都是独一无二的，因为它们各自的展示效果和侧重点有所不同，接下来为读者介绍移动端网页广告常见样式的设计思路。

▶ 5.3.1 Banner 广告的设计思路

在有限的手机屏幕内，Banner 广告应该充当一个"花瓶"的角色，意思就是它可以吸引人但它不是主角。Banner 广告需要占据适当的位置为页面"锦上添花"，而不是"喧宾夺主"，不然的话，将会造成不良的用户视觉体验并使浏览者产生厌烦心理，如图 5-61 所示。

Banner 广告应该设计在无须用户频繁操作的位置，例如手指滑动位置就不适合放置 Banner 广告。同时 Banner 广告最好也不要插入到主内容之间，以免对浏览者的操作造成干扰，这会降低浏览者对 APP 的好感度，如图 5-62 所示。

图 5-61　Banner 广告的作用　　　　　　图 5-62　Banner 广告的放置位置

☆ 小技巧：Banner 广告的组图设计样式

设计师可以将 Banner 广告设计成左右切换的轮播式组图，且一般建议 3-5 个轮播图为最佳状态。通过组图可以更好展示商品细节，还可以满足品牌高强度的曝光需求，也容易适配更多的广告主。同时，层叠样式广告新奇且神秘，更加易吸引浏览者的注意，促使其滑动并点击广告，最终提升广告转化率。

▶ 5.3.2 开屏广告的设计思路

移动端的开屏广告，时间设置 3 ～ 5 秒为最佳状态，且最好具备"跳过"按钮，其目的是免除非目标受众的不良使用体验，如图 5-63 所示。

☆ 小技巧：开屏广告中的"跳过"按钮

简单来说，就是让无意产品的浏览者看到广告时，降低他对 APP 产生的抵触心理，同时还能通过此功能过滤掉无意向受众，以便后续对广告投放进行优化和重新定向展示。此外，"跳过"按钮要设置在非频繁操作区，以免造成误点。

图 5-63　开屏广告的设计思路

▶ 5.3.3　信息流广告的设计思路

新手设计师在设计信息流广告时，一定要遵循两条设计思路，一是让广告样式更加原生，二是设计灵活的广告样式。

1. 广告样式更加原生

设计师应该将具体的广告展现样式设计与 APP 整体界面风格、上下文内容版式等协调融合，从而让广告更加原生和统一。例如一条资讯，包含有文字说明和图片释义，不同的资讯使用不同的样式展示，真正做到无损用户体验，如图 5-64 所示。

图 5-64　广告样式与界面风格统一

2.灵活展示广告样式

除了前面提到的五种信息流展现形式之外，设计师还可以灵活调整信息流广告的呈现方式，比如设计成翻转式信息流广告，或者组图式信息流广告样式等，这样做的目的是增加广告的趣味性、互动性和效果性，最终获得更多广告主和浏览者的喜爱，如图 5-65 所示。

图 5-65　信息流广告的灵活展示

▶ 5.3.4　插屏广告的设计思路

网页设计师和技术开发者设计插屏广告时，一定要选择恰当的广告展现时机，避免影响用户的正常操作。插屏广告的设计思路应该是顺其自然的展示，并与 APP 界面中的内容协调搭配，如图 5-66 所示。

图 5-66　顺其自然地展示插屏广告

⊳ 5.3.5 视频贴片广告的设计思路

　　如果设计师采用了视频贴片的广告样式，建议视频贴片广告时间尽量短小，以免让受众对广告产生抵触和厌烦情绪、造成负面的媒体印象。另外，假若广告时间超过 5s、15s，甚至更长，则允许观众可以在广告播放时中断广告，做法为设计师在广告播放 5s 后插入"跳过"按钮供用户选择，这是非常明智的做法，如图 5-67 所示。

图 5-67　视频贴片广告的样式展示

5.4 PC 端网页广告的常用样式

　　网页广告的形式多种多样，形形色色，还经常会出现一些新的广告形式。就目前来看，网页广告的主要形式有以下几种。

⊳ 5.4.1 文字广告

　　文字广告是最早出现，也是最为常见的网页广告形式。网页文字广告的优点是直观、易懂、表达意思清晰，缺点是过于死板，不容易引起人们的注意，没有视觉冲击力。

　　在网页中还有一种文字广告形式，就是在搜索引擎中进行搜索时，在搜索页的右侧会出现的相应文字链接广告，如图 5-68 所示。这种广告是根据浏览者输入的搜索关键词而变化的。这种广告的好处就是可以根据浏览者的喜好提供相应的广告信息，这是其他广告形式所难以做到的。

图 5-68　文字广告

▶ 5.4.2　Banner 广告

　　Banner 广告主要是以 JPG、GIF 或 Flash 格式建立的图像或动画文件，定位在网页中，大多数用来表现广告内容，同时还可以使用 JavaScript 等语言使其产生交互性，是目前比较流行的一种网页广告形式。

　　还有一种广告称为通栏广告，通栏广告就是广告贯穿了整个网页界面，这种广告形式也是目前比较流行的网页广告形式，它的优点是醒目、有冲击力，如图 5-69 所示。

图 5-69　Banner 广告

练一练——设计制作 PC 端 Banner 广告

源文件：第 5 章 \5-4-2.psd　　　　　　　　视频：第 5 章 \5-4-2.mp4

微视频

• 案例分析

　　本案例是设计制作一款 PC 端 Banner 广告，广告页面被宣传文字和宣传图片分割成了两部分，人通常会从左到右浏览页面，浏览者在接触到此款广告时，首先被宣传力度十足的文字信息吸引，之后也会为色泽鲜艳的商品图片而驻足，如图 5-70 所示。

图 5-70　网页广告显示

•制作步骤

Step 01 新建一个空白文档，文档各项参数如图 5-71 所示。进入画布中，单击工具箱中的"渐变工具"按钮，设置渐变条从 RGB（253、179、58）到 RGB（252、203、75）再到 RGB（253、179、58），在画布中填充渐变颜色，如图 5-72 所示。

图 5-71　文档大小

图 5-72　填充渐变颜色

Step 02 连续打开几张素材图像，分别将其拖曳到设计文档中，并摆放到合适的位置，图像效果如图 5-73 所示。

Step 03 连续打开几张素材图像，分别将其拖曳到设计文档中，并摆放到合适的位置，图像效果如图 5-74 所示。

图 5-73　图像效果

图 5-74　图像效果

Step 04 单击工具箱中的"自定形状工具"按钮，选择如图 5-75 所示的选项。使用"自定形状工具"在画布中创建形状，形状的图像效果如图 5-76 所示。

Step 05 使用组合键 Ctrl+T 调出定界框，调整形状的旋转角度，并使用"直接选择工具"调整某些锚点的位置，如图 5-77 所示。复制形状并调整形状的大小和填充颜色，如图 5-78 所示。

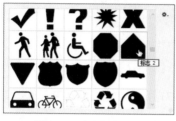

图 5-75　选中自定形状

图 5-76　创建形状

图 5-77　调整形状

Step 06 打开"字符"面板，设置如图 5-79 所示的字符参数。使用"横排文字工具"连续在画布中添加文字内容，使用组合键 Ctrl+T 旋转文字角度，具体的文字内容如图 5-80 所示。

图 5-78　复制形状

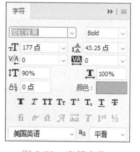

图 5-79　字符参数

图 5-80　添加文字内容

Step 07 双击文字图层的缩览图，打开"图层样式"对话框，选择"渐变叠加"选项并设置参数，如图 5-81 所示。使用相同方法完成相似文字内容的制作，如图 5-82 所示。

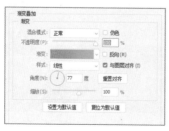

图 5-81　图层样式

图 5-82　添加文字

Step 08 使用前面讲解过的方法，完成补货券模块的制作。补货券制作完成后，网页 Banner 广告整体制作完成，图像效果如图 5-83 所示。

图 5-83　图像效果

▶ 5.4.3　对联式浮动广告

　　这种形式的网页广告一般应用在门户类网页中，普通的企业网页中很少运用。它的特点是可以跟随浏览者对网页的浏览，自动上下浮动，但不会左右移动。因为这种广告一般都是在网页界面的左右成对出现的，所以称之为对联式浮动广告，如图 5-84 所示。

图 5-84　对联式浮动广告

▶ 5.4.4　网页漂浮广告

　　漂浮广告也是随着浏览者对网页的浏览而移动位置，这种广告在网页屏幕上做不规则的漂浮，很多时候会妨碍浏览者对网页的正常浏览，优点是可以吸引浏览者的注意。目前，在网页界面中这种广告形式已经很少使用。

▶ 5.4.5　弹出广告

　　弹出广告是一种强制性的广告，不论浏览者喜欢或不喜欢看，广告都会自动弹出来。目前大多数商业网页都有这种形式的广告，有些是纯商业广告，而有些则是发布的一些重要的消息或公告等，如图 5-85 所示。

图 5-85　PC 端弹出广告

5.5 PC 端网页广告的特点

虽然网页广告的历史不长，然而其发展的速度却是非常快的，与其他媒体的广告相比，我国的网络广告市场还有一个相当大的上升空间，未来的网络广告将与电视广告占有同等的市场份额。

与此同时，网络广告的形式也发生了重要的变化。以前网页广告的主要形式还是普通的按钮广告，近几年长横幅大尺寸广告已经成为了网页中最主要的广告形式，也是现今采用最多的网页广告形式，如图 5-86 所示。

图 5-86　显示网页广告

☆ 提示

网页广告之所以能够如此快速地发展，是因为网页广告具备许多电视、电台、报纸等传统媒体所无法实现的优点。

▶ 5.5.1　传播范围广泛

　　传统媒体有发布地域、发布时间的限制，相比之下，互联网广告的传播范围极其广泛，只要具有上网条件，任何人在任何地点都可以随时浏览到网页广告信息。将广告刊登在流量非常大的网页中，可以增大广告的传播范围，如图 5-87 所示。

图 5-87　微博网页中的广告

▶ 5.5.2　富有创意、感官性强

　　传统媒体往往只采用片面单一的表现形式，互联网广告以多媒体、超文本格式为载体，通过图、文、声、影传送多感官的信息，使受众能身临其境地感受商品或服务，如图 5-88 所示。

图 5-88　广告富有创意

▶ 5.5.3　直达产品核心消费群

　　对于广告来说，传统媒体受众目标分散、不明确，而网络广告相比之下可以直达目标用户，只要浏览者光顾网页，广告主就可以直达产品的核心消费群，如图 5-89 所示。

图 5-89 直接面对消费群

⊙ 5.5.4 节省成本

传统媒体的广告费用昂贵，而且发布后很难更改，即使更改也要付出很大的经济代价。网络媒体不但收费远远低于传统媒体，而且可以按需要变更内容或改正错误，使广告成本大大降低，如图 5-90 所示。

图 5-90 网页广告可以节省成本

⊙ 5.5.5 具有强烈的互动性

传统媒体的受众只是被动地接受广告信息，而在网络上，受众是广告的主人，受众只会点击感兴趣的广告信息，而商家也可以在线随时获得大量的用户反馈信息，提高统计效率，如图 5-91 所示。

图 5-91 网页广告具有互动性

5.5.6　准确统计广告效果

　　传统媒体广告很难准确地知道有多少人接收到广告信息，而互联网广告可以精确统计访问量，以及浏览者查阅的时间分布与地域分布。广告主可以正确评估广告效果，制定广告策略，实现广告目标，如图 5-92 所示。

图 5-92　准确统计广告效果

练一练——设计制作网页的广告和版底信息

源文件：第 5 章 \5-5-6.psd　　　　　　　视频：第 5 章 \5-5-6.mp4

• 案例分析

　　本案例是接前面章节中的某个案例，制作网页中的广告和版底信息模块。网页广告有大图充当背景和宣传图片，然后在图片上设置宣传语和按钮入口，方便浏览者在观看网页广告时，可以随时进入当前广告的链接页面，如图 5-93 所示。

图 5-93　网页广告显示

• 制作步骤

　　Step 01 打开名为 5-6-1.psd 的文件，文件的图像效果如图 5-94 所示。打开"字符"面板，设置如图 5-95 所示的参数。

　　Step 02 使用"横排文字工具"在画布中添加文字内容，如图 5-96 所示。使用"矩形工具"在画布中创建形状，形状的填充颜色为 RGB（229、229、229），如图 5-97 所示。

图 5-94　打开文件　　　　图 5-95　字符参数　　　　图 5-96　文字内容

Step03 使用"矩形工具"在画布中创建形状，形状的填充颜色为 RGB（10、131、208），如图 5-98 所示。使用相同方法，创建一个大小为 220×316px 的形状，形状的填充颜色为白色，描边颜色为灰色，如图 5-99 所示。

图 5-97　创建形状

图 5-98　创建形状　　　　　　　　　　　　　　　图 5-99　创建矩形

Step04 双击形状图层的缩览图，打开"图层样式"对话框，选择"投影"选项，设置如图 5-100 所示的参数。设置完成后，形状图层的图像效果如图 5-101 所示。打来一张素材图像，将其拖曳到设计文档中，如图 5-102 所示。

图 5-100　图层样式参数　　　图 5-101　图像效果　　　图 5-102　添加图像

Step05 打开"字符"面板，设置如图 5-103 所示的字符参数。使用"横排文字工具"在画布中添加文字内容，如图 5-104 所示。

Step06 使用"矩形工具"在画布中创建一个大小为 62×4px 的矩形，形状的填充颜色为 RGB（10、131、208），如图 5-105 所示。使用相同方法完成相似模块的制作，如图 5-106 所示。

图 5-103　字符参数　　　　　　　　图 5-104　添加文字　图 5-105　创建矩形

Step 07 使用"矩形工具"在画布中创建一个矩形，形状的填充颜色可以为任意色，如图 5-107 所示。打开一张素材图像，将其拖曳到设计文档中，为素材图像添加剪贴蒙版的效果，如图 5-108 所示。

图 5-106　完成相似模块　　　　　　　　　　　图 5-107　创建形状

Step 08 使用"矩形工具"在画布中创建一个黑色的矩形，设置形状图层的填充不透明度为 55%，如图 5-109 所示。打开"字符"面板，设置如图 5-110 所示的字符参数。

图 5-108　添加图像　　　　图 5-109　创建形状　　　　图 5-110　字符参数

Step 09 打开"字符"面板，设置如图 5-111 所示的字符参数。使用"横排文字工具"在画布中添加文字内容，如图 5-112 所示。

图 5-111　字符参数　　　　　　图 5-112　添加文字内容

Step10 使用相同方法完成相似模块的制作，如图 5-113 所示。使用相同方法完成版底信息模块的制作，如图 5-114 所示。

图 5-113　完成相似模块　　　　　　图 5-114　完成版底信息模块

5.6 举一反三——设计制作 APP 开屏广告

微视频

源文件：第 5 章 \5-6.psd　　　　　　　视频：第 5 章 \5-6.mp4

设计制作一款 APP 的开屏广告，读者需要根据前面讲解过的知识和制作步骤，来完成此款 APP 开屏广告的制作。

Step01 新建文档，使用"渐变工具"绘制界面的背景内容，如图 5-115 所示。

Step02 为 APP 的开屏广告界面添加具有吸引力的广告语，如图 5-116 所示。

Step03 连续添加素材图像，使网页广告更加和谐，如图 5-117 所示。

Step04 使用形状工具和文字工具，完成领取按钮的创建，如图 5-118 所示。

图 5-115　新建文档　　图 5-116　添加广告语　　图 5-117　添加素材图像　　图 5-118　完成"领取"
　　并绘制背景　　　　　　　　　　　　　　　　　　　　　　　　　　　　　按钮的创建

5.7 本章小结

设计师在设计网页界面时需要发挥个性化的优势，在网页广告设计中不断创新，这样才能使网页界面的层次更高、效果更好、更能吸引浏览者的注意。本章向读者详细介绍了网页广告的概念、移动端和 PC 端网页广告的常用样式、移动端网页广告的设计思路和 PC 端网页广告的制作特点等内容，读者应尽快掌握网页界面中常见类型的文字和广告的制作方法和技巧。